北京老城保护更新

源于西砖胡同的一次探索

赵长海◎等著

U0283387

中国建筑工业出版社

图书在版编目（CIP）数据

北京老城保护更新：源于西砖胡同的一次探索 / 赵长海等著. — 北京：中国建筑工业出版社，2021.9
ISBN 978-7-112-26439-1

Ⅰ. ①北… Ⅱ. ①赵… Ⅲ. ①旧城保护—研究—北京
Ⅳ. ①TU984.21

中国版本图书馆CIP数据核字（2021）第154377号

责任编辑：郑　琳　石枫华　易　娜　陆新之
书籍设计：锋尚设计
责任校对：赵　菲

北京老城保护更新　源于西砖胡同的一次探索
赵长海　等著
*
中国建筑工业出版社出版、发行（北京海淀三里河路9号）
各地新华书店、建筑书店经销
北京锋尚制版有限公司制版
临西县阅读时光印刷有限公司印刷
*
开本：880毫米×1230毫米　1/16　印张：13¾　字数：317千字
2023年2月第一版　　2023年2月第一次印刷
定价：**180.00**元
ISBN 978-7-112-26439-1
（37950）

指导委员会

委　员　陆　翔　沈　威　胡　燕　石远方　车　飞　张　越
撰　稿　赵长海

唤起对老北京的文化记忆

保护历史文化街区的生活

延续 北京老城是祖先留

给我们的一笔丰厚的历史文

化遗产要对老城给予充分

的敬畏和尊重

于京华营宸斋 马炳坚

二〇二一年青

为《北京老城保护更新》出版而题

北京老城保护的核心内容是保护北京特有的胡同四合院的传统建筑形态最大限度地保存有价值的历史信息通过保护垂新

序一

北京是世界著名的历史文化名城，它凝聚着中国古代城市文化的精华，一路走来，时间将这个承载着历史厚重，经历了3000多年苦难与辉煌的北京，传递到了我们手中。展现在我们眼前的是一幅由形态丰富又和谐统一的历史建筑，构成的北京历史文化的长卷，这些建筑有宫殿、苑囿、坛庙，也有府邸、庐舍、店铺等，他们共同形成了城市文脉的载体。我们应该尊重传承历史文脉，关注实现现代生活，通过老城整体保护下的城市更新，把老北京交给下一个3000年。

北京老城保护更新针对的主要对象是传统胡同四合院，它勾画了城市肌理，铺陈了城市底色。在北京地区，传统胡同四合院已经有800多年的历史，它不断适应当地气候环境、风土人情，集中体现出中华民族对待人居环境的态度，突出强调的是"天人合一"，即居民对于环境的影响与和谐关系，力求营造出安适生存的氛围，考虑到子子孙孙，繁衍发展，经过几百年的洗练淘选，逐渐形成定式，久而久之，就形成了独特的四合院文化，成为中国对世界文化所作的独特贡献。在四合院中的每一细微之处，都有其丰富的文化内涵。四合院里的居民、四合院里的房屋、四合院的内外环境，都是取之不尽的历史文化宝库，可以供子孙后代们体验、享受和传承。

在记忆中，我前后在北京居住过四处四合院，体验了在不同地点、不同规模、不同邻里的四合院居住以后，再回过头来思考四合院生活的感受，最深刻的不是物质的存在，而是文化方面的意义。四合院的情结，是系在对父母、亲人、朋友的思念，是对那个成长空间的眷念。忘不了四合院里街坊们海阔天空的神聊，忘不了四合院里小伙伴们的嬉戏打闹，忘不了四合院里醉人的鸟语花香，忘不了胡同里走街串巷小贩们的叫卖声。

北京老城的保护更新不仅是对四合院这一物质载体的更新，更是对四合院所承载的丰富历史文化的传承。首先要进一步摸清北京胡同四合院的保存现状，加以登记造册，建立完善的保护管理档案。在胡同四合院的保护整治过程中，积极探索既有利于历史街区整体保护，又有利于改善居民生活的整治方法。注意保护传统风貌和街巷肌理，坚持循序渐进、有机更新的方针，采取小规模、微循环、渐进式的方法，防止"大拆大建"的行为，避免"运动式"的改造，有计划、有步骤地推进胡同四合院的保护整治工作。同时启动北京胡同四合院申报世界文化遗产工作，促进胡同四合院保护管理水平的提高，也使全世界民众共享这一灿烂的文化。

老城保护更新是一项系统的复杂工程，千里之行，始于足下，作为老城保护更新的一名"侦察兵"，2018年以来西砖胡同片区成为老城复兴探索之路的前沿阵地，在这里探索的"菜西模式"成为能够推广到更多胡同、使更多居民受益的一种城市更新模式。2019年夏天，西砖胡同一度成为老城居民关注的焦点，以新总规为背景的，老城保护和城市更新试点项目中的最重要的一个模块——申请式退租正式启动。申请式退租模块试点完成后，这里陆续开始了申请式改善、恢复性修建、城市资产运营模块的试点，这些模块的试点为北京的老城保护和城市更新积累了经验，《北京老城保护更新　源于西砖胡同的一次探索》一书就是对这些经验的总结和系统的梳理。本书是在实操的角度，立足试点项目，着眼北京老城保护更新的探索和思考，角度新颖、内容翔实、有理有据，值得北京老城保护更新从业的同仁一读。北京老城的保护更新是面向全社会的一项伟大事业，应该走出封闭的象牙塔和纯粹的学术研究，以开放的姿态、灵活的方式吸引更多的人参与其中。

单霁翔

2021年4月

序二

北京是世界著名的历史文化名城，拥有3000余年的建城史和800余年的建都史，其主要承载地位于首都功能核心区，即北京老城，包括东城区、西城区辖区范围，总用地面积约92.5平方公里。北京老城历史悠久、类型丰富、文化厚重，现拥有3处世界文化遗产，33片历史文化保护区，数百处各级文物保护单位，文物普查项目和北京历史建筑，被誉为中国建筑的明珠，也代表着东方文明古都规划的最高成就。

北京老城历史悠久。位于东城区王府井的古人类遗址，距今大约2.5万年，是继周口店"北京人"遗址后，考古学家所发现的又一重大成果；从地名学看，北京老城自周至北魏，或为属国，或为州郡治所，皆名为蓟，中国著名历史地理学家侯仁之先生，曾根据史料、蓟丘位置（现无存）、考古成果推测，蓟城中心在西城区广安门内外一带，现广安门外滨河公园内立蓟城纪念柱，标志了北京建城的起始点。

北京老城类型丰富。在城市方面，商周之际，蓟城是目前已知位于北京地区的最早城市之一，另一处为琉璃河燕都遗址，历史上著名的城市还有唐幽州、辽南京、金中都、元大都、明清北京城；在建筑方面，包括宫殿坛庙、佛寺道观、官署衙署、王府会馆、商铺作坊、胡同四合院、近现代建筑等；在园林方面，涵盖皇家园林、私家园林、佛道景区、自然景区、近现代公园等。

北京老城文化厚重。自商周以降，北京老城三千余载：在第一个一千年里，老城建筑体现了周代"礼"制文化；在第二个一千年里，老城建筑反映了儒、释、道文化；在第三个一千年里，老城建筑融合了汉族与少数民族、中国与西方、近代与现代的建筑文化。从某种意义上说，北京老城建筑是中华文明的缩影，也是了解世界建筑文化的一个"窗口"。

清末以来，北京老城经历了数次大规模旧城改造，古都风貌渐失。在此仅举三例：一是《辛丑条约》后，清政府被迫让西方列强在东交民巷扩建使馆区；二是民国时期，北洋政府兴建了香厂新市区；三是20世纪90年代，北京开展了大规模旧城改造。百余年来，北京逐步发展成为世界性一流的大都市，同时也拆除了大半个老北京城。21世纪以来，北京市加大了古都风貌保护的力度，包括建立了历史文化名城、历史文化保护区、文物保护单位三个层面的保护体系，完成了前门东区、南锣鼓巷、杨梅竹斜街、北京坊、什刹海环湖整治等一批试点项目，开展了"煤改电""燃改气"等一批民生项目，老北京，新面貌，初见端倪。但如何统筹"保护"与"发展"的关系，实现"老胡同，现代生活"的目标，仍是值得研究的重大课题。

2017年9月，中共中央、国务院批复了《北京市总体规划（2016年—2035年）》，在《规划》老城部分提出，要"加强历史文化名城保护，强化首都风范、古都风韵、时代风貌的城市特色"。随后，2020年8月，中央批复了《首都功能核心区控制性详细规划（街区层面）（2018年—2035年）》。《批复》指出："要深刻把握'都'与'城'、保护与利用、减量与提升的关系，把服务保障中央政务和治理'大城市病'结合起来，推动政务功能与城市功能有机融合，老城整体保护与有机更新相互促进，建设政务环境优良、文化魅力彰显、人居环境一流的首善之区"。上述文件为老城整体保护与有机更新指明了方向。

城市更新是20世纪50年代欧美兴起的一门新兴学科，它源于二战后欧美各国对颓废居住区的重建。一般来说，城市更新有三种途径，即维护、改建、重建。维护是指对尚能使用的现有建筑、地段采取维护措施；改建是对旧有建筑进行修理、改造，让其可继续使用；重建则是将一定地域内的建筑物拆除，再对该地域做合理性的使用。由于国情、市情不同，首都建筑界早在20世纪70年代末就开始探索一条符合北京旧城实际情况的更新途经，其中最引人注目的是中国著名建筑学家吴良镛先生提出的"合院体系、肌理扦入"的渐进式有机更新理论，并在菊儿胡同进行了试点，该项目得到社会和业界的普遍认可，并荣获联合国世界人居奖。吴良镛先生的渐进式有机更新理论，对北京老城保护与更新工作具有重要的指导意义。

《北京老城保护更新》是一部对西砖胡同自愿申请式腾退试点项目进行经验总结的专著。该书在梳理北京旧城改造历史、借鉴老城保护与更新相关做法的基础上，总结了西砖胡同四合院恢复性修建的经验，探讨了项目操作中"人、财、物"之间的关系，并在项目立项、工作组织、营造技术、资金筹措、资产运营、文化建设、风貌保护、人居环境、学术研究九个方面提出了具体的建议。全书选题适时，纲目有序，调研深入，内容充实，为老城相关工作提供了新鲜的经验和实践的模式。

该书作者赵长海是一位素质好、能力强、有担当的青年建筑师，他早年在北京建筑大学攻读硕士学位，毕业后赴北京建筑设计研究院工作，后转入西城区属房地产公司，负责西砖胡同试点项目的技术工作。2020年8月，中共北京市委主要领导视察西砖胡同试点项目，并做出重要指示。以此为契机，在公司的领导下，赵长海带领他的团队，加快了《北京老城保护更新》一书的策划、撰写工作，经过大家的共同努力，书稿终于完成。该书凝聚着赵长海及其团队的付出，也汇集着有关方面的帮助，是集体智慧的结晶。

目前，北京正处在新的历史发展时期。《北京城市总体规划（2016—2035年）》的发布，首都功能核心区的建设，北京中轴线申报世界文化遗产项目的推动，上述背景为北京老城整体保护与有机更新提供了良好的契机。相信在党中央和中共北京市委、市政府的英明领导下，建设北京老城政务环境优良、文化魅力彰显、人居环境一流的首善之区目标一定能够实现，北京老城将拥有更加美好的未来！

笔耕不辍，行文数载。在庆祝建党百年华诞的美好日子里，欣闻《北京老城保护更新》一书即将付梓，作为赵长海同志的硕士研究生导师，本人表示热烈的祝贺！同时，对有关单位、业界同仁和尊敬的广大读者，一并谨致谢忱！再次感谢大家！

陆翔

北京建筑大学文化发展研究院研究员、

北京市西城区什刹海街道规划顾问、民盟北京市历史文化委员会副主任

2021年7月

序三

北京老城是唯一的。文脉、文化、文明交织延续，荡涤荟萃，承载着太多的情感、期待，以其为主体的首都功能核心区，包括东城区和西城区，在2020年8月党中央、国务院批复的《首都功能核心区控制性详细规划（街区层面）2018—2035年》中更是定位为政务环境优良、文化魅力彰显、人居环境一流的首善之区。为了把这个任务完成好，把老城保护好、传承好，同时又不断释放新的活力，恰恰需要用保护和更新协同发力完成上述要求，因此，首都功能核心区控规提出了街区保护更新的创新举措，作为提升中央政务功能保障、满足人民美好生活需要的重要手段，作为加强老城整体保护、彰显千年古都时代风尚的重要方式。

北京老城的城市更新有四个特点：一是千年古都的城市更新；二是落实新时代首都城市战略定位的城市更新；三是减量背景下的城市更新；四是满足人民美好生活需要的城市更新。在这一过程中，社会各界都在积极思考和探索，尤以西城区西砖胡同试点项目探索申请式退租–申请式改善–恢复性修建–城市良性运行的"保障对保障模式"为先，进行了有益的探索。北京老城在改革开放后经历了改造、危改、开发等不同实践后终于踏上了应许之路。从事这一工作的亲历者，投身于这一过程，把实践中的所见、所闻、所做、所思整理下来，编撰成书，留下了一手资料，总结了一流经验，提出了一线思考，弥足珍贵。这对整个老城推动街区保护更新具有里程碑意义。全市在总结菜市口西片区、雨儿胡同等申请式改善项目经验的基础上，继续在老城开展第二批、第三批试点，出台了推进首都功能核心区街区保护更新的意见、开展了北京城市更新行动计划，分门别类地推动历史文化街区保护更新和文物活化利用、平房区保护更新、老旧小区的综合整治、危旧楼房的更新改造、老旧厂房的转型升级和公共空间的品质提升。菜市口西片区的经验得以更广泛的推广，真正做到了顶层设计和基层经验的有机结合，老城保护与有机更新相互促进，城市风貌和运行管理的良性互动。

石晓东
北京市城市规划设计研究院院长
2021年5月

序四

北京是有3000多年建城史和800多年建都史，并以此享誉世界的历史文化名城。在这徐徐展开的波澜壮阔的画卷中，承载着这3000多年历史的城市、街巷、屋宇，伴随着历史的发展在不断的更迭。这其中，有平地起蓬瀛的繁荣锦盛，也有华屋化丘墟的凄凉凋敝。滚滚向前的历史之于每个具体的个体来说，就像一次永不休止的击鼓传花，当历史将这个时点的北京传递到我们手上，我们又将以什么样的形态将其传递下去，作为生于斯，长于斯，奋斗于斯的一名城市建设者，手捧着历史传递到手中的这朵花，我一直在寻找着一个答案。

从20世纪60年代至今，我全程见证并参与了北京老城一个甲子的城市更新历程，北京从农业社会封建帝国的都城，发展成为社会主义共和国的首都。这一轮汹涌澎湃的城市更新历程，一如往常，有深刻的历史背景和时代烙印。如我参与的西单宣武门内大街、金融街西扩等项目的开发和主导的西砖胡同试点项目。

拆迁遗留的西砖胡同片区，是近20年北京城市更新在保护和更新的两端博弈的一个缩影，党的十八大以后，以北京老城全面保护为基础的城市更新的大幕正在徐徐拉开，及至2017年9月，《北京市总体规划（2016年—2035年）》发布实施，北京老城的城市更新正式进入了一个新的历史阶段，在这期间，做为生在西城，长在西城的我，内心很兴奋，想要抓住这个难得的机遇恢复老北京的胡同风貌，为后人展示老北京纯正的四合院建筑。经过一年多的酝酿，从政策、文化、历史等多方面研究，确定了西砖胡同试点项目的整体设想。2018年首先在西砖胡同沿线，采用恢复性修建的方式，完成了9座院落的织补复建，这次发端于北京老城西南一隅西砖胡同的一次自发自主的四合院恢复性修建的实践，引起了北京市和西城区政府领导的关注，政府各级领导经过深入调研，精心谋划之后，将西砖胡同的这次尝试推向了北京市试点项目的高度，随着2019年西砖胡同老城保护更新试点项目的开展，以申请式退租、申请式改善、恢复性修建为特点的老城保护更新模式的探索也陆续展开。北京老城城市更新有三个评价标准：一是人居环境改善，二是传统风貌保护，三是资金平衡，一个成功的老城保护更新模式，必须兼具这三点，缺一不可。

源于西砖胡同的这次试点，在经历了近三年多的探索之后，逐渐取得了广泛的认可，西砖胡同试点项目的成果经验，属于北京市所有老城保护更新的参与者，为了方便前来西砖胡同调研的政府、企业、科研单位的各位同仁能够系统的了解这个试点项目，现将基于这个试点项目对北京老城保护更新的一些思考和建议与社会更多的人分享，我们完成了《北京老城保护更新 源于西砖胡同的一次探索》一书，以期形成更广泛的研究和探索。

本书以西砖胡同试点项目实践为抓手，以时间为主线，系统地梳理了清末以来发生于北京老城对街巷肌理、建筑风貌、人居环境产生影响的典型案例，通过对各个阶段典型代表项目所涉及的人、物、财三大城市更新主要因素的分析、研究和总结，以期推动老城保护和城市更新，在申请式退租、申请式改善、恢复性修建、人居环境改善提升、物业管理、城市资产运营等模块，形成规划可支持、居民可接受、资金可支持的成熟的老城保护更新模式。

希望本书能为从事北京老城保护和城市更新相关工作各位同仁提供参考和借鉴。由于水平有限，希望各方面专家及热爱老城保护的人士给予多多指正。

庄景冬

北京金恒丰城市更新资产运营管理有限公司 董事长

2020年10月于门楼巷

前言

2019年的北京，到处洋溢着中华人民共和国成立70周年的欢乐气氛，70年前，北京成为刚刚诞生的新中国的首都，承担了新的历史使命。光阴荏苒，2019年的北京城，已经从封建社会末期破败没落的农业社会的都城，发展成为现代化大都市，在这70年的历程中，北京城经历了天翻地覆的变化，每一个时期的变化，或主动或被动，或循序渐进或大刀阔斧，都是在当时背景下做出的最适合的历史选择。

2018年，北京老城西南一隅西砖胡同的一次自发自主的四合院恢复性修建，是2017年新版北京城市总体规划批复后，北京老城保护更新的一次积极探索。随着2019年西砖胡同老城保护更新试点项目的开展，以申请式退租、申请式改善、恢复性修建、城市资产运营为特点的老城保护更新模式，逐渐成熟和不断推进。

本书通过对西砖胡同老城保护和城市更新试点项目全过程的思考和总结，总结了北京老城历次改造和更新实践，探讨了北京老城四合院的恢复性修建、人居环境的改善提升、城市资产的运营的创新工作机制和实施方法，以期能够在新版北京城市总体规划框架下，以西砖胡同试点项目经验，为北京老城保护和城市更新提供参考和借鉴。

绪论部分简要介绍了研究背景、研究目的、研究方法、研究的内容、北京老城保护和城市更新模式、申请式退租、申请式改善、恢复性修建、城市资产运营的相关概念。

第一章以时间为脉络，系统梳理从1860年以来，对北京老城胡同肌理、建筑风貌、人居环境产生重要影响的历史事件。同时以时间为脉络，以中华人民共和国成立前后的重大建设事件和历次城市规划为抓手，概述各个阶段北京老城发展历程和城市更新模式。

第二章结合西砖胡同老城保护和城市更新试点项目实践，系统总结了发端于西砖胡同的这一个老城保护更新试点项目，并对西砖胡同老城保护和城市更新项目的过程进行了系统的过程梳理，对经验进行了总结。

第三章意在构建2017年批复的新版北京城市总体规划提出的非文物四合院的更新模式——恢复性修建的完整体系，通过研究恢复性修建的背景、意义、原则、路径等，结合西砖胡同老城保护和城市更新试点项目，构建起老城整体保护背景下非文物四合院保护更新的长效机制。

第四章围绕老城保护和城市更新三要素——人、物、财中的"人"这一要素进行阐述，通过研究梳理北京老城人居环境的变迁史和人居环境的现状，总结梳理出人居环境改善模式，并重点阐释了居住空间环境改善和公共空间环境改善的具体方法。

第五章通过城市资产运营的背景研究，明确了北京老城城市资产的运营的特点、发展历程、城市资产运营的必要性及运营原则。然后通过对7个代表性案例的专项研究和分析，总结其中可供参考借鉴的经验，最后通过西砖胡同城市资产运营实践来进行实操，做到了政、产、学、研、用一体。

第六章通过老城保护更新建议与展望，在制度建设、营造技术、工作组织、学术研究、资金筹措五个方面提出了建议，在文化中心建设、老城风貌保护、人居环境改善、城市资产运营四个方面进行了展望。

本书在总结实践经验的基础上，阐述了北京老城保护和城市更新的观点，借以抛砖引玉，助力北京老城保护和城市更新工作能够不断完善，限于作者能力，书中难免存在不足之处，希望北京老城保护和城市更新的专家和技术工作者批评指正。

目 录

绪　论

一、研究背景

当下的北京老城，与北京政治中心、文化中心、国际交往中心、科技创新中心的城市战略定位，建设国际一流的和谐宜居之都发展目标，实现"老胡同，现代生活"的具体要求，还有非常大的差距，北京的老城保护和城市更新工作还有很大的提升空间。

近年来，北京城市总体规划顶层设计文件相继出台，如2017年正式批复《北京城市总体规划（2016年—2035年）》、2020年正式批复《首都功能核心区控制性详细规划（街区层面）（2018年—2035年）》、2021年表决通过的《"十四五"规划和2035年远景目标纲要》。这些文件为北京老城保护和城市更新提出了明确要求。

2017年新版北京城市总体规划正式批复后，北京市住房和城乡建设委员会等委办局为落实新总规，进行了政策上的创新和突破，出台了一系列的加强老城房屋管理、利用的新办法。在2019年选定西砖胡同片区作为试点项目，开展以申请式退租、申请式改善、恢复性修建、城市资产运营为特点的老城保护更新模式的探索，西砖胡同试点项目对北京老城保护和城市更新模式的探索具有参考价值，为北京老城城市更新探索了新的路径。

二、研究目的

1. 总结梳理老城保护和城市更新经验

北京城原有胡同肌理和建筑风貌的根本性改变，肇始于清末东、西交民巷使馆区的建设，由此之后，主动或被动的局部或区域的城市改造渐次发生。通过对北京城的改造、保护和更新过程的研究，总结梳理北京老城保护和城市更新经验。

2. 探索北京老城保护和城市更新模式

通过对各个典型阶段代表项目及其所涉及的人、物、财三大主要因素进行分析和研究，对2017年新版北京城市总体规划正式批复以来，继续推进的北京老城保护和城市更新项目提供经验借鉴和参考，以期推动老城保护和城市更新。在申请式退租、申请式改善、恢复性修建、人居环境改善、物业管理、城市资产运营等阶段，形成成熟操作模块，进而形成规划可支持、居民可接受、资金可支持、形式可推广的老城保护更新模式。

3. 为相关从业者提供参考和借鉴

以项目实践为抓手，在总结实践经验的基础上，阐述对北京老城保护和城市更新的观点，并在制度建设、营造技术、工作组织、学术研究、资金筹措五个层面提出了一些建议，在文化中心建设、老城风貌保护、人居环境改善、城市资产运营四个层面进行展望。希望能为北京老城保护和城市更新从业者的相关工作提供参考和借鉴。

4. 构建非文物传统四合院建筑维护及修建机制

纳入到文物建筑保护体系的传统建筑，基本都得到了非常好的保护和利用，针对这些建筑有一套系统的修缮体系。但这些建筑仅占核心区平房建筑的一小部分，而构成老城青砖灰瓦传统底色的绝大多数平房，是在文物建筑保护体系之外的普通建筑，需要针对这些建筑，制定维护和修建机制。西砖胡同老城保护和城市更新试点项目，通过对传统平房的恢复性修建，探索构建非文物传统四合院建筑风貌保护和延续的长效机制。

北京老城的传统风貌的延续，需要对北京老城进行整体保护，纳入到文物建筑保护体系的传统建筑，基本都得到了非常好的保护和利用，针对这些建筑有一套系统的修缮体系，这些建筑仅占核心区平房建筑的一小部分，构成老城青砖灰瓦传统底色的是绝大多数平房，是在文物建筑保护体系之外的普通建筑，需要针对这些建筑，有针对性地制定维护和修建机制。从2017年北京新的城市总体规划发布实施以来，北京老城在历史文化街区内进行的大规模四合院恢复性修建，是北京四合院历史上从未有过对民居四合院集中进行的大规模恢复性修建，亟需对北京民居四合院进行系统研究，西砖胡同试点项目，正在通过对传统平房恢复性修建，探索构建非文物传统四合院建筑风貌保护和延续的长效机制。

三、研究方法

1. 案例研究法

案例研究法是选择一个或几个场景为对象，系统地收集数据和资料，进行深入地研究，用以探讨某一现象在实际生活环境下的状况。本书以时间为脉络，系统地梳理从1860年以来，对老城胡同肌理、建筑风貌、人居环境产生重要影响的历史阶段，并从中选取典型案例进行分析研究。

2. 文献研究法

文献研究法主要指搜集、鉴别、整理文献，并通过对文献的研究形成对事实的科学认识的方法。通过对古今中外文献进行调查可以研究极其广泛的社会情况，搜集研究文献的渠道多种多样，文献的类别不同，其所需的搜集渠道也不尽相同。

随着科技的进步，现在可查阅的历史档案和历史资料越来越全面、越来越系统，更多的明清档案和史料被整理出版，对北京民居建筑发展体系有重要作用，结合现已出版或发表的各类北京民居的专著、论文，形成了对北京传统院落民居的系统认知。

3. 跨学科研究法

运用多学科的理论、方法和成果从整体上对某一课题进行综合研究的方法，称为跨学科研究法，也称交叉研究法。科学发展运动的规律表明，科学在高度分化中又高度综合，形成一个统一的整体。学科分化加剧的同时各学科间的联系愈来愈紧密。

北京老城的保护更新模式的研究是一个跨学科、跨专业的研究课题，北京老城保护更新的具象研究对象是传统建筑和原著居民，抽象研究对象是政治、经济、社会、人文、技术等，具象研究对象是抽象研究对象的承载。老城保护更新的研究是一个复杂的、系统的研究过程，跨学科的研究方法是本书用到的最重要的研究方法。

四、研究内容

以西砖胡同老城保护和城市更新试点项目的申请式退租、申请式改善、恢复性修建、人居环境改善、物业管理、城市资产运营六个主要模块为研究内容，再以时间为主线，以典型案例为抓手，通过清末以来对北京老城胡同肌理、建筑风貌、人居环境产生影响的典型案例的研究，探索与时俱进的老城保护更新模式。

五、研究范围

1. 空间范围

本书通过聚焦西砖胡同的一次老城保护和城市更新的实践探索，将老城保护和城市更新的研究范围扩展至北京老城（老城是指明清时期北京城护城河及其遗址以内(含护城河及其遗址)的区域，其中二环路内占地面积约62.5平方公里）与老城历史格局密切相关的其他区域。

2. 时间范围

本书以时间为脉络，梳理自清末以来，因为社会变革和城市发展而产生的具有标志意义的城市更新活动。重点研究自2017年新版北京城市总体规划发布以来，北京开展城市更新的新的特点。

3．研究维度

本书从人居环境改善、建筑风貌延续、城市资产运营三个维度对北京老城保护和城市更新展开研究。

六、相关概念

1．城市更新[1]

城市更新是在原有城市建成区内发生的，为适应社会进步、经济发展、人居环境要求的提升，对城市要素进行有组织、有计划调整的过程。城市更新目的是对城市中与当时城市发展水平不匹配的区域，通过拆旧建新或修缮改造后，以全新的城市功能替换功能性衰败的物质空间，使之重新发展和繁荣。

城市更新有两方面的内容：一方面是对客观存在实体——建筑、市政基础设施的改造；另一方面是对各种生态环境、空间环境、文化环境、视觉环境、游憩环境等的改造与延续，包括邻里的社会网络结构、心理定势、情感依恋等软件的延续与更新。北京现代意义的城市更新源于改革开放之后，由城市更新的内涵延伸出的广义的城市更新，几乎伴随着每个城市发展的全过程。

2．人居环境[2]

人居环境一词泛指人类聚居的生存环境，特指建筑、城市等人为建成环境。早在二战之后，希腊学者道萨迪亚斯提出了"人居环境科学"的概念，后被国际社会认可，1985年联合国通过决定，确定每年10月的第一个星期一为"世界人居日"。在我国，清华大学教授吴良镛先生最早提出了"人居环境"的概念，并随着时代的发展不断将该学科加以完善，所著的《人居环境科学导论》一书，将人居环境概念定义为是一门以人类聚居（包括乡村、集镇、城市等）为研究对象，着重探讨人与环境之间的相互关系的科学。该理论被当今社会普遍采纳，我国的部分高校已开设此类课程。

本文引入的"人居环境"概念，狭义上指北京四合院建筑学方面的内容，包括建筑、结构、水、暖、电、场地等；广义上涉及与四合院相关的自然与社会层面的内容，包括自然层面的地理、气候、资源和社会层面的政治、经济、文化等。

3．申请式退租

申请式退租是指直管公房的承租人，根据"居民自愿、平等协商、公平公开、适度改善"原则退还直管公房的使用权，并按照规定的程序向规定单位申请退租补偿及配套的直管公房或公租房指标，最终实现异地改善。片区内其他产别房屋也可以参照直管公房退租模式参与申请式退租。

4．申请式改善

申请式改善是指北京老城历史文化街区、风貌协调区及其他成片传统平房区内，申请式退租完成后的留驻居民，根据"居民自愿、一户一策、居民自费、适度改善"的原则，在房屋权属范围内，根据住户自身情况，通过房屋主体翻建、室内装饰装修来实现居住环境改善的在地改善模式。申请式改善是为改善留驻居民住房条件建立的长效机制，是完善市政基础设施，保护历史文化风貌，实现保护更新项目可持续的重要环节。

5．恢复性修建

恢复性修建是指对北京老城历史文化街区、风貌协调区及其他成片传统平房区内非文物建筑的普通平房四合院，在梳理街巷胡同、院落、房屋历史脉络和历史信息建立院落档案的基础上，通过整体翻建或局部修缮的方式，延续建

1．于今．城市更新：城市发展的新里程[M]．北京：国家行政学院出版社，2011-04．

2．陆翔．北京四合院人居环境[M]．北京：北京建筑工业出版社，2013．

筑及其所承载的历史信息的生命，最终实现老城风貌的整体保护的修缮模式。恢复性修建是构建完善的非文物传统四合院建筑维护和修缮机制的重要手段。

6. 城市资产运营

城市资产运营是指运营主体（各级政府或授权企业）将城市的有形资产和无形资产运用市场机制进行配置，使城市资源的经济效益和社会效益最大化的过程。有形资产包括土地及其承载的国有权属的市政基础设施、建筑物、构筑物等；无形资产包括城市的品牌、文化、人文素质、软环境建设等。

北京老城历史文化街区、风貌协调区及其他成片传统平房区的城市资产运营模式，包括以运营有形资产为主的重资产运营模式和通过城市无形资产的挖掘、提炼、整合后进行运营的轻资产运营模式。以政府为主导的运营主体一般采用的是重资产的运营模式，通过申请式退租、申请式改善、恢复性修建、公共空间提升之后进行城市资产运营。以社会企业为主体的文创企业一般采用的是轻资产运营的模式。

第一章

北京老城的改造、保护和更新

北京建城已有3000余年，建都亦850年有余。金海陵王完颜亮于公元1153年建立金中都，元世祖忽必烈在金中都离宫大宁宫基础上新建国都，命名为"大都"。

明成祖朱棣于公元1406年筹划迁都，并开始北京城的建设。到1553年嘉靖皇帝加筑外城（图1-1），北京一直处在一个增量发展的时代，以现代意义的城市更新的定义来分析，这一过程中基于对"城市中某一衰落的区域进行拆迁、改造、投资和建设，以全新的城市功能替换功能性衰败的物质空间，使之重新发展和繁荣"的活动并不明显，由于社会发展缓慢，社会体制一直延续农业社会的本质，所以"各种生态环境、空间环境、文化环境、视觉环境、游憩环境等的改造与延续"也并不突出。

到1840年鸦片战争之后，北京开始了主动或被动的城市改造。1949年，在北京旧城基础上建设中华人民共和国的首都，拉开了老城区大规模改造的序幕，至今历经七十余年的时间，北京探索了危房改造、有机更新、微循环等多种模式的城市更新。

伴随着最近几十年中国经济的高速发展，大规模、高速度发展的城市新区的建设如火如荼，经济负担重、民生压力大的老城区的发展则日渐衰微。在老城区中，房屋建筑老旧，市政基础及其他城市配套设施不断老化，人居环境与城市发展不匹配等问题已经成为城市发展的巨大障碍。在新的社会发展背景下，越来越多的城市老城区亟待进行全面的改善提升，以适应社会发展的新要求。

城市更新是个复杂的系统工程，除了需要大量人力、财力、物力之外，还涉及配套政策、居民的生活等一系列问题。为此，2021年全国两会表决通过的《"十四五"规划和2035年远景目标纲要》提出："加快推进城市更新，改造提升老旧小区、老旧厂房、老旧街区和城中村等存量片区功能……保护和延续城市文脉，杜绝大拆大建，让城市留下记忆、让居民记住乡愁"。城市更新已然上升为国家战略。北京老城内，在今后很长一段时间内，城市更新将会是城市发展的重要手段。核心区建设、中轴线申遗将会是北京老城城市更新的重要机会。

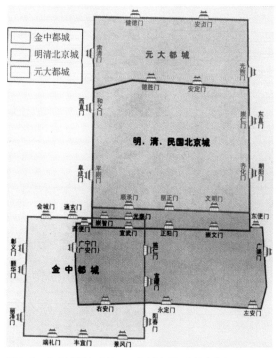

图1-1 北京城历史变迁——资料来源：《长安街》

第一节   清朝末期的城市改造

1860年第二次鸦片战争以后，清政府被迫同意在北京东交民巷设立使馆区，各国开始按照各自的意愿建设使馆及其他配套设施。东交民巷使馆区的建立使老城传统格局发生变化，建筑风貌也呈现出殖民主义时代特色。

一、东交民巷使馆区

东交民巷形成于元初，位于元大都城南城外，为售卖粮米处。明永乐年间将元大都南城墙南移二里，该巷被划入内城。正阳门内的棋盘街把江米巷分为东、西两段，遂称"东江米巷"。明、清两代，这里汇集中央行政机构的"六部"，周边还建有宗人府、鸿胪寺、钦天监和太医院等。后来，该地成为朝廷对外交往和与边疆民族联络的活动中心。1860年起，英、法等国在区域内相继建立使馆。这一时期各国的使馆主要是"租用"王府、大型宅院等既有建筑作为馆舍，对片区既有风貌改变不大。

1900年义和团运动之后，东江米巷改名

Legation Street（使馆街），成为由各个使馆自行管理的使馆区，清政府在这条街上的衙署，仅保留了吏、户、礼三部和宗人府，其余尽数迁出。义和团运动烧毁了这一片区的大部分既有建筑，《辛丑条约》签订后，各国自行设计建设使馆及一些生活和商业配套设施，大体量的西式建筑开始在东交民巷片区大批出现（图1-2）。

二、正阳门东、西火车站

1900年底，八国联军入侵北京，天坛变成了驻军兵营。为了运送军用物资，法国人在外城城墙上挖开了一个豁口，铺设了一条通向卢沟桥的铁路，将原以卢沟桥为起点的卢汉铁路延伸到正阳门，并将卢汉铁路改名为京汉铁路。清政府不得不同意修建正阳门西火车站。由于铁路的修建，城墙被破坏，北京老城原有的封

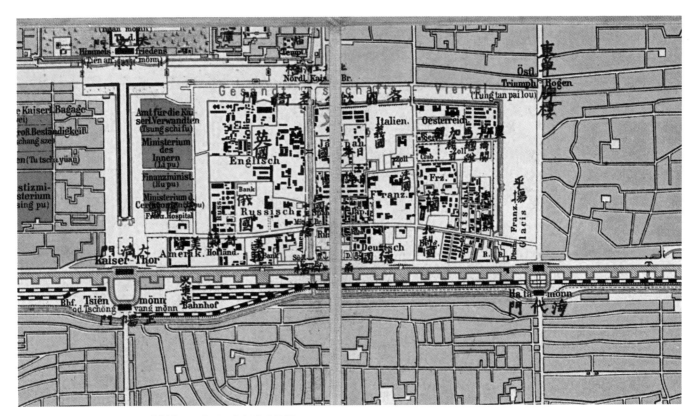

图1-2　东交民巷使馆区——资料来源：德国远东探险队绘制

闭格局被打破。

　　京奉铁路是中国开办铁路运输业务最早的铁路，它始建于1886年，与京汉、京绥、津浦、南满等干线相通，是北京通往关外的重要铁路，1911年全线贯通。京奉铁路正阳门东站于1906年建成（图1-3；图1-4）。

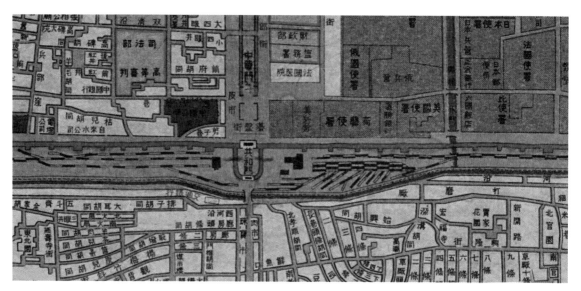

图1-3　京奉铁路正阳门东火车站——资料来源：德国远东探险队绘制

图1-4　京奉铁路的火车穿城而过——资料来源：《旧京图说》

正阳门东、西火车站及相关铁路的建成，是北京向现代工业化城市转变的重要标志，原有城市规划从未有之市政基础设施的建设是转变中的重要过程，改变了原有的城市肌理，改变了原有的城市格局，冲击了传统的意识形态，但也为居民生活带来便利、为城市发展带来契机。

第二节　民国时期的旧都改造

民国时期的北京城市旧都改造分为三个时期：

（1）民国初期（1912年至1937年）。主要在旧城改建、新市区建设、市政设施等方面加大了建设的力度，北京的市容市貌得到了很大的改观，使封建帝都变成了初具规模的现代化城市；

（2）日伪时期（1937年至1945年）。制定了《北平都市计划大纲》，客观上对保护北京旧城起到了一定作用；

（3）国民党统治北平时期（1945年至1949年）。抗日战争胜利以后，流离在外地的机关单位和高等院校纷纷返回北平。北平城市人口数量增长迅速，住房是急需解决的问题，由于财政紧张，内战爆发，使大规模建设居住区的计划无法实现。这一时期，北平市政府编制了《北平都市计划》，该规划提出了保护古都、修建地铁、建设卫星城等诸多构想，对北京后来的发展提供了借鉴。在城市建设方面，政府主要以修补原有建筑、治理市容环境为主。

其中，以民国初期朱启钤主持的都市改造

影响极为深远。1914年，朱启钤出任北洋政府内务总长，他创立了京都市政公所，并主持起草了《京都市政条例》，为北京城市建设作出了重要贡献。京都市政公所完成了市政基础测绘、城市改造、新区建设等工作。

京都市政公所重点进行旧城改造和新区建设工作，完成了正阳门改造、香厂新市区建设、开放南北长街、南北池子道路，改社稷坛为中央公园，市政沟渠整修等旧都改造项目，大大提高了北京城市的现代化建设水平。

一、皇城地区的改造

1913年，朱启钤首先开辟了天安门前的东西大道，拆除了千步廊，然后打通了朝阳门至阜成门的道路，并开通了南池子、南长街、宽街、厂桥、五龙亭等处的皇城便门，内城的交通得到了改善（图1-5）；然后开放故宫博物院及皇家御苑。1925年10月，故宫更名为故宫博物院，内设国立图书馆和博物馆，并对外开放。与此同时，清代的皇家御苑——社稷坛、太庙、天坛、地坛、先农坛、北海、颐和园等被辟为市民公园先后向市民开放，为了加强内外城的交通联系，在正阳门以西开辟了和平门。

至20世纪30年代初，北京城内各地区之间的主要道路均已贯通。1939年，日伪政权在东郊设工业区，在西郊辟新市区，两区之间的联系以长安街为纽带，东辟启明门（建国门），西开长安门（复兴门），并将长安街延展，形成了贯穿北京东西两侧的城市主干线。

皇城地区的改造是为适应封建帝国灭亡之后，民主新思潮传入以来，社会进步所做的非常重要的调整。

图1-5　1945年的长安街——资料来源：美国第89海军航空联队航拍

二、正阳门地区的改造

正阳门是内外城交通的重要枢纽，狭窄的城门洞和封闭的瓮城成为人流集中的地区，交通拥堵严重。伴随着城市发展，前门外传统商业街区的日渐繁盛，瓮城东西的荷包巷成为临时集市，商贾云集棚屋满街，严重阻碍了交通。1900年后京奉铁路与京汉铁路相继延伸至正阳门，在正阳门瓮城外东西各建成车站。前门外交通量数倍增长，交通拥堵情况日益加重。有鉴于此，朱启钤启动了正阳门地区的更新改造，更新改造主要内容包括：

（1）拆除瓮城，将原来封闭的空间变为开阔的场地；

（2）保留箭楼，修建箭楼前面道路；

（3）在城墙与月墙交界处，东西各辟两门，新筑两条宽20米的道路并开辟了人行道；

（4）迁走拥挤杂乱的荷包巷内商户，拆除自由架设的占道棚屋；

（5）拆除正阳门与中华门之间的棋盘街，铺设石板路面；

（6）拆除中华门内已坍塌的千步廊；

（7）修建排水暗沟，并对道路之外的公共空间进行改造和装饰，修建了石栏、路灯、绿地、喷泉等。

在朱启钤的改造下，北京城最繁忙的商业区——正阳门的交通拥挤状况得到了缓解。新铺设的道路从古城墙下穿过，行人车辆能够径直到达正阳门，极大地方便了民众的出行（图1-6~图1-8）。

朱启钤在正阳门改造过程中秉承"修旧如旧"的原则，最大限度地保护了传统建筑风貌和城市肌理。

正阳门地区改造的资金来源不仅有当时政府的财政拨款，还有对京奉、京汉两个铁路局40万银元的募款。

从北京老城保护和城市更新的三个重要评判标准——人居环境改善、传统风貌保护、资金平衡来判断，正阳门地区的城市更新也是一次非常成功的实践。

三、香厂新市区的规划建设

香厂新市区是指1914年~1920年间在香厂一带建设的新式商业娱乐区，位于现在的北京市西城区东南部。规划范围北至珠市口西大街（原名西柳树井），南至永安路（原先农坛北墙根），东至留学路（原名牛血胡同），西至虎坊路，东西约840米，南北约380米，面积约32公顷。[1]

香厂一带地势低洼，极易积水。1905年，时任外城厅丞的朱启钤倡议填平水坑，修筑道路，开辟新区。1913年，朱启钤向上海外滩学习，以西方国家为模板，进行城市规划和市政

1. 王世仁. 香厂新市区的记忆与复兴——对一种文化遗产的价值判断和风貌复兴的探讨. 北京规划建设，2014（02）：133-151.

图1-6　1945年的前门地区——资料来源：美国第89海军航空联队航拍

图1-7　朱启钤主持前门改造工程开工典礼——资料来源:《旧京图说》

图1-8　拆除正阳门西瓮城——资料来源:《旧京图说》

基础设施改造，决定在此建设一处集商业、娱乐、餐饮等于一体的街区——"香厂新市区"。

1914年，编制规划；1915年民国政府颁布《土地征用法》，并制定了街区地块标租、项目建设招标、建筑设计审查、市政市容管理等一系列法规，使新市区建设起步伊始便与当代世界先进制度接轨。1915年~1918年，是新市区集中建设的时期，共修筑了新式道路1.546公里，建成了约20座（组）新式建筑，进驻了各类商户约50家，其中有新世界商场、东方饭店、仁民医院等公共建筑（图1-9）。香厂新市区是中国人自己规划建设的，街道整齐划一，建筑错落有致，商业繁荣兴旺，小区安静怡人，成为非常有活力的新区，是一个成功的城市更新案例。

香厂首次出现了国家征地权的概念，打破了旧有土地官有或私有的界限，市政公所可以自行征地，并按照相应等级标准赔付补偿金。由于事先做了充分的宣传工作，又精心为住户组织换房、提供临时住房等，征地顺利进行，获得了较大规模的场地，可以进行统一的规划建设。

以现代北京老城保护和城市更新的三个重要评判标准——人居环境改善、传统风貌保护、资金平衡——来判断，香厂新市区的城市规划和建设也是非常具有研究参考价值的一次实践。

第三节　建国初期的城市建设

中华人民共和国成立初期，北京的城市建设进入社会主义改造阶段，城市定位发生了根本的转换，城市功能产生了巨大的调整。

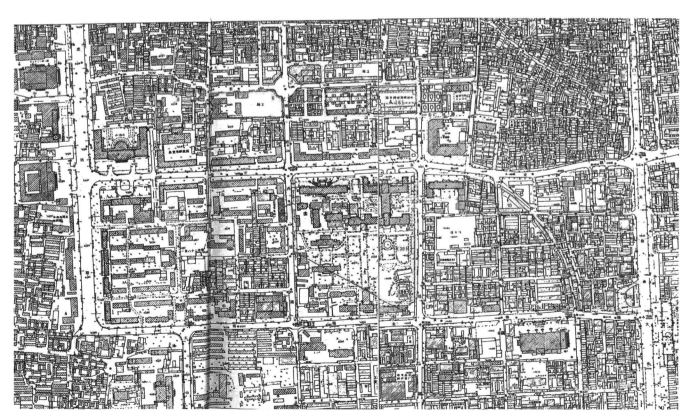

图1-9　1955年的香厂新市区肌理——资料来源：《增订宣南鸿雪图志》

一、天安门广场的扩建改造

北京的建设从天安门广场的改造开始，为迎接开国大典的重大集会，对天安门广场进行了整修，包括平整广场、修建道路、粉刷城楼台柱、粉刷墙体、新建旗杆和基座、修建观礼台等。

1952年8月，人民英雄纪念碑开工建设，1958年4月竣工。在施工过程中，拆除了中华门、长安左及右门、天安门广场的封闭格局被彻底打开。

1958年10月，人民大会堂破土动工，1959年9月交付使用，同时开工建设和建成的还有中国革命博物馆和中国历史博物馆。

天安门广场东西宽500米，南北长860米。广场西侧为人民大会堂，东侧为中国革命博物馆和中国历史博物馆，建筑与广场体量相适应。北侧隔长安街与天安门相呼应。1976年11月修建了毛主席纪念堂。毛主席纪念堂的建设完成后，天安门广场的整体建设基本完成。

天安门广场的扩建改造是社会主义新中国成立后，在北京开始的最重要的建设活动，集中了全国的优秀设计师及能工巧匠，以饱满的工作热情、惊人的建设速度、一流的建设质量，完成了扩建改造工程。同时，为陆续开展的北京老城其他地区的城市更新建设及改造积累了宝贵的经验。

1. 陆翔. 北京四合院人居环境［M］. 北京：北京建筑工业出版社，2013：14-19.

二、长安街沿线的建设

中华人民共和国成立后，北京城基于政治、经济、社会因素的综合权衡，采纳苏联专家的主张——在旧城基础上通过改造，建设中央政务区。北京大规模的城市建设由此拉开序幕。

1951年以后，在东长安街路南使馆区建设了第一批砖混建筑。随着时间的展开，长安街沿线陆续建设的不同时期建设的建筑，都具有强烈的时代烙印，以天安门为基点向东西两侧延伸。

长安街沿线的建设，从开始大规模的拆迁建设，到现在的沿街建筑立面提升、公共空间环境的改造，都遵循着高标准、严要求。沿街建筑风貌、原有居民的拆迁安置、建设资金的统筹等城市更新基本问题，都得到了妥善的解决。

三、1959年国庆十大工程

1958年8月，党中央决定，为庆祝新中国成立十周年，展现新中国建设十年的成就，建设十项重大公共建筑工程，即"国庆十大工程"——人民大会堂、中国革命博物馆和中国历史博物馆、民族文化宫、民族饭店、北京火车站、中国人民革命军事博物馆、全国农业展览馆、北京工人体育场、华侨大厦、钓鱼台国宾馆。

国庆十大工程总建筑面积超过67万平方米，汇集了全国的人力、物力、财力及智力，组织北京的34个设计单位，邀请全国各地的建筑专家，共同进行建筑方案创作。工程采取"边设计、边备料、边施工"的模式，统一指挥调动，各个环节紧密配合，在一年的时间内，以不可思议的速度建设完成，为建国十周年献上了一份大礼。

四、旧城改造[1]

1. 梁陈方案

1949年末，北京市各部门领导、梁思成和陈占祥等中国专家和苏联专家参与了城市规划会议，在会上苏联专家与梁思成和陈占祥针对北京市的规划提出了两种不同方案。苏联专家巴兰尼科夫的《关于北京市将来发展计划问题的报告》提出要以天安门广场为中心，在长安街两侧建设新中国首都的行政中心。

1950年2月，梁思成、陈占祥完成了《关于中央人民政府行政中心区位置的建议》，他们主张将行政中心区位置放在旧城以西1.5公里的三里河地区，即公主坟与月坛之间。北京市政府综合权衡各方面的因素，决定以旧城为基础进行扩建。最终在1953年由北京市委成立的"畅观楼小组"制定出了《改建与扩建北京市规划草案的要点》。

2. 拆除城墙

随着城市现代化的发展，北京城的16座城门严重阻碍了交通，同时，党中央提出要呈现城市新面貌。自1953年起，北京开始拆除外城城墙。经过几年的时间，左安门、广渠门城楼、箭楼，广安门城楼及瓮楼、西便门的城楼都已拆尽，广安门、西便门都已成为马路豁口。永定门东、广渠门南有两大段城墙已完全拆除，约占外城长度的20%。

尽管梁思成多次提出保留城墙，建立环城立体公园；文化部也叫停过拆除城墙行动；彭真市长也审慎地对待拆除城墙；但"大跃进"运动在全国展开以后，1958年9月，北京市做出《关于拆除城墙的决定》，决定提出除正阳门城楼、箭楼和鼓楼之外，其余城墙、城楼统统拆掉。20世纪60年代，由于修建环城地铁的原因，利用内城城墙地基是最好的方法，城墙遭到彻底的拆除。

3. 四合院变迁

新中国成立后，北京四合院也发生了较大的变化。由于所有制的变更，原有的王府宅第改为机关、工厂、医院、学校、幼儿园、驻军用地等，部分私宅经房改收归国有，由房管部门出租。上述做法使北京四合院的性质有所改变：其一，北京四合院住宅向着多用途的建筑转变；其二，北京四合院由独家使用的住宅向着多户共用的集体住宅转变，北京四合院逐渐发展成了单位院、公共院。

1966年～1976年北京四合院内的许多砖雕、彩画及建筑装饰小品（如垂花门、影壁、抱鼓石等）被视为封建残余予以损毁，造成了难以弥补的损失。中国与苏联发生了"珍宝岛事件"，为了防止可能爆发的核战争，北京开展了一场全民"深挖洞"的群众运动。在四合院内修建的防空洞，客观上造成了对住宅地基和排水系统的损坏。

1976年，唐山大地震波及北京，为了减少地震的危害，全市普遍在四合院内加建抗震棚。这种临时性建筑有些被保留至今，使北京四合院变成了大杂院。

4. 危旧房改造

1953年制定的《改建与扩建北京市规划方案》和《北京市第一期城市建设计划》，提出了"重点改建旧城区"的要求；1957年制定的《北京市建设总体规划初步方案》，强调"要加快旧城改建的速度"。这对指导首都建设起了重要作用，但因为急于改建旧城，忽视了对原有建筑的维修与保养。当时规定危房翻建只能按原面积、原结构、原材料、原标准的"四原"原则进行。由于条件限制，房管部门只能对其所管理的少量严重破损和危险的房屋采取拆除、翻建或大修的临时救急措施，致使破旧危房剧增，居住环境日趋恶化。从1965年开始，北京市房管局尝试用低标准楼房（简易楼）对危房进行翻新。这些简易楼房多为2～3层，每平方米造价仅为40～50元。其低标准主要体现为结构标准低（薄屋顶、空斗墙）、设备标准低（无厨房、无供暖、用公厕）、楼房间距小、朝向差。1965年～1968年，全市共拆除旧平房50万平方米，建成简易楼135万平方米，迁入居民7万户。这些房屋约有半数分布在旧城内。1969年～1973年，北京市总体规划暂停执行，旧城区危旧房改造也基本停顿。到1973年，北京城区共有27片危旧房区，总面积225万平方米，其中危险房屋比例高达70%以上。

从20世纪70年代初期开始，为了改善居民的居住条件，先后推行了"滚雪球""见缝插楼"和"四合院接、推、扩"的方式进行危旧房改造。

1974年起，北京在城区选定5片人口密度、建筑密度相对较低的危旧房区（东城区青年湖、西城区北营房、崇文区安华寺和金鱼池、宣武区黑窑厂），采取"滚雪球"方式进行成片的危旧房改造。建设经费主要来源政府拨款和近几年的房租节余。新建的单元式楼房采用统一设计的标准图纸，每户设有独立厨房与厕所，居室内有供暖设施，能为居民提供较好的生活环境。

从1974年开始，北京允许各单位在所属用地内自筹资金建设住宅。这种"见缝插楼"的做法确实调动了一些单位的积极性，全市住宅建设量大增[1]。

20世纪70年代后期，为缓解居民住房紧张的困难，北京推行过"四合院推、接、扩"的做法，即允许在四合院住宅内推出一点、接长一点、扩大一点。这种做法对四合院的影响最大。

北京市除采用上述做法进行危旧房改造外，1975年，后还统一规划、开发建设了从西便门到东便门的前三门大街路南沿街的房屋。1977年，北京市成立了统一的建设办公室，此后10年间政府共投资1亿多元，拆除危旧房10余万平方米，新建住宅40多万平方米。

第四节　改革开放至21世纪初期的城市更新

1978年12月，在北京召开的十一届三中全会，做出了把工作重点转移到社会主义现代化建设上来的决定，北京的城市建设进入到一个新的历史发展时期。

根据党中央指示，北京市于1982年修订了《北京城市建设总体规划》，规划提出：以旧城区作为全市的中心，把逐步改建旧城区与建设新城区结合起来；在改建旧城的过程中，要尽可能地保护北京所特有的古都风貌；要对北京城所有的文物古迹、古建筑和较典型的、较好的四合院都给予保留。

1990年，北京市全面推行"开发带危改"政策，使拆除重建类城市更新规模急剧增大，并且从"改建"向以"街、带、片"的整体改造方式转变。这一阶段北京还探索出了房改带危改、开发带危改、文物保护和历史文化保护区带危改、市政带危改、住宅合作社带危改等多种形式的旧城改造模式。这些探索加快了北京现代化建设的步伐，一定程度上改善了居民住房紧张的困境，也改变了北京老城的传统风貌和传统的邻里关系。

随着危旧房改造逐渐延伸到旧城核心区，妥善保护好古都风貌成为首都城市发展中亟待解决的核心问题。"人文奥运"的提出，使社会各界对古都风貌保护工作越来越关注，危改思路得以调整，采取了危改工作与旧城整体保护并举的方针，加强了古都风貌保护。

2003年4月，旧城内12个未启动的项目被调出了危改"十五"计划。2004年和2005年，对旧城危改项目提出了分类处理意见，灵光胡同等36片位于皇城、历史文化保护区内及多年立而未建的危改项目被撤销，转按保护规划要求实施。

在南池子保护区试点的基础上，2003年市政府又划定三眼井、玉河、烟袋斜街、白塔寺、前门、大栅栏六片地区为历史文化保护区试点，努力寻求体制创新、政策创新和科技创新的思路，在保护模式、人口疏散、资金筹措等方面

---

1. 从1974～1986年间，全市新建住宅700万平方米，占解放后新建住宅的70%，部分缓解了职工住宅紧缺的状况。1986年北京市政府颁布了《关于在城区内分散插建楼房的几项规定》，明确规定禁止在旧城分散插建楼房。

力争取得突破。

北京现代意义的城市更新，开始于20世纪80年代危改试点，包括对菊儿胡同、小后仓胡同等的试点建设，并取得了相关经验。20世纪90年代初，北京进入大规模危房改造时期，仅1990年至1992年旧城危改建设就高达67片。经过多年的危旧房改造，北京的城市功能趋于合理，数十万居民住房条件得到改善。随着改造工程的开展，一批具有重要历史价值的胡同、四合院从京城大地上消失。据统计，1990年至2003年拆除的胡同多达六七百条，平房四合院

数百万平方米。

在这个阶段，城市更新模式多种多样，既有对老旧建筑的推倒重建，也有对历史文化街区的保护提升和传统建筑的保护修缮（表1-1）。这一时期，很多城市问题开始显现，北京历史文化街区的传统风貌和文化特色，在大规模的城市更新过程中消逝。这一阶段的城市更新也不乏亮点，最有影响力的就是吴良镛先生从城市的"保护与发展"角度，提出的城市"有机更新"的概念，并以此为理论基础在菊儿胡同进行的实践活动。

亚运会、奥运会期间的部分城市更新项目   表1-1

起始年代	城市更新模式	典型项目	实施主体	其他
1988年~2000年	危房翻建	民安胡同、小后仓、东南园、草厂头条、花市中四条	危旧房改造以政府行为为主转变为以企业行为为主，一级中外合营（合资、合作）公司、系统公司、项目公司等多种开发企业	在资金筹措上，从政府投入资金的单一渠道转向多渠道筹措；地租级差收益和商品房的出售是危旧房改造资金平衡的主要方式
	有机更新	菊儿胡同	东城区房管局下属的东城区住宅开发公司	住房合作社建房试点
2001年~2003年	房改带危改、开发建设带危改、市政建设带危改、修路工程带危改	金融街、崇文门新世界、南池子	房地产开发企业	由开发商组织拆迁，居民回迁享受国家优惠政策，开发用地享受经济适用房待遇，免除土地出让金、市政费及相关费税。工程中，市政配套由政府承担；拆房建房费用由居民承担
2004年~2008年	解危排险	北京站泡子河、柳荫公园		政府出资，由国企背景的实施主体实施，不允许开发商参与
	小规模、渐进式、微循环	国子监街、南长街		

一、菊儿胡同的有机更新[1]

1. 基本情况

菊儿胡同位于北京市二环路以内，南锣鼓巷文化保护区的最北端，东起交道口南大街，西止南锣鼓巷，全长约500米。20世纪80年代，菊儿胡同被列为北京危旧房改造项目。

1987年，吴良镛教授带领清华大学建筑学院的师生在这里开始了新四合院危房改造的试验工程。经过仔细研究，吴良镛教授提出了居住区的"有机更新"与"新四合院"的设计方案。1994年末，在拆除的1.255公顷用地上，分两期建成了13个新四合院院落，建筑面积达2万

1. 蔡金水. 我经历的北京市危房改造. 当代北京研究［J］, 2010（1）: 39-45. 作者从1978年开始从事北京危房改造工作，直至2005年退休，在近30年的工作，经历了北京十几个重要的危房改造项目。

余平方米。

　　菊儿胡同项目一期工程于1989年10月动工，1990年建成。工程占地2090平方米，共拆除7个老院落，涉及原有住户44户，危旧平房64间，新建住宅共46套，建筑面积为2760平方米。二期工程于1991年动工，1994年全部竣工（图1-10）。

　　菊儿小区一、二期工程的实施主体，是东城区房管局下属的东城区住宅开发公司，当时还不是完全意义上的房地产开发公司，更接近于政府办事机构。在菊儿小区二期工程前后，房地产开发在中国兴起，城市中的危旧房改造开始以危改结合房地产开发的模式进行。菊儿胡同改造的三期、四期工程，原本已经完成了

方案设计，但因为资金问题，三期工程在拆迁阶段就陷入停滞，最终不了了之。

2．改造模式

　　菊儿胡同项目确立之初，就承载着政府赋予的危改和房改相结合的双重试验目的。

（1）居民改善

　　住宅合作社成立时，一期工程涉及的44户居民中有13户入社，其余31户居民选择了换房[1]或搬迁。其中选择搬迁的住户有14户，由市房改办协调安排其他区域的公房或单位产权住宅，选择换房的有17户。

　　通过危房改造，原有危房户的居住水平得到明显改善，各户有独用厨房、厕所和阳台，人均

1．换房是为不愿入社的住户制定的特殊政策。换居此处的居民以每平方米600元的成本价，获得新建的菊儿胡同的成套住房。

（a）航拍图——资料来源：百度地图

图1-10　菊儿胡同

（b）菊儿胡同建筑现状——资料来源：《北京四合院》

（c）菊儿胡同建筑现状——资料来源：《北京四合院》

居住面积从原来的5.3平方米扩大到12.4平方米。

（2）传统风貌

菊儿胡同的改造，是在当时语境下，以努力协调古都传统风貌为前提，在传统风貌历史街区内开展的一项具有科研性质的危改试点。试点项目将传统四合院独门独户的居住形制与楼房单元相结合，组成住户居住的基本单位；在建筑设计上，为每户增加了原传统四合院住房中没有的厨房、卫生间等现代设施。建成后，每组建筑基本保留了大院落的组合形式，能够较好地延续传统的邻里交往方式，最大限度地维持了原有的住宅胡同的传统结构；继续保持了以往四合院传统住宅院落的地域空间；在当时被称为"类四合院"或"楼房四合院"式的危改建筑（图1-11）。

（3）资金平衡

住宅合作社类似于北京21世纪初期产生的"集资建房"，参与危改的住户组成合作社，共同出资改建房屋。采用"群众集资、单位资助、国家扶植"的方式，国家和集体承担大部分，住户承担一小部分，住房合作社建房被总结为"明确房改的主体是广大人民群众，变一个积极性为三个积极[1]。"居民以新建住房每平方米350元集资，住户所在单位按每平方米250元补助，政府减免税费。

在当时的居民收入条件下，无论是住宅合作社社员还是换入购房户，一次拿出数万元房款也不是家家都能做到。基于这种现实情况，市房改办制定了一项颇有开创意义的政策——凡是参加建房的居民，一次付款不低于房价的30%，其余部分可申请低息贷款，这是北京商品房买卖中最早的"首付"和"房贷"。

二、金融街地区的开发建设

1. 基本情况

1993年10月，国务院批复的《北京城市总

1.《关于北京市国民经济和社会发展十年规划和第八个五年计划纲要的报告》北京市人民政府九届人大四次会议1991年

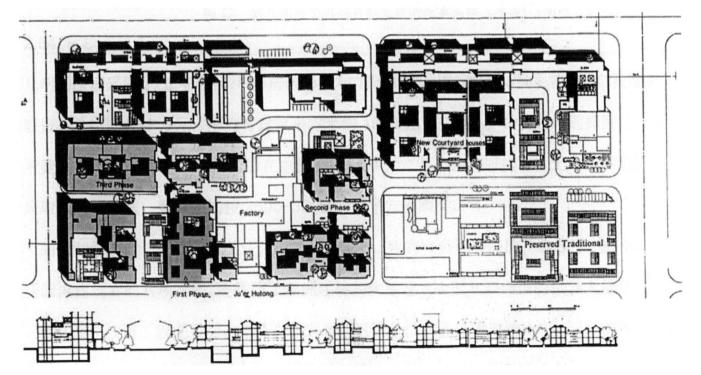

图1-11　菊儿胡同改造总平面及剖面示意——资料来源：《胡同保护规划研究》

体规划（1991年—2010年）》明确提出："在西二环阜成门至复兴门一带，建设国家级金融管理中心，集中安排国家级银行总行和非银行金融机构总部"。同年11月，《西二环金融街规划方案》获批。规划中的北京金融街，南起复兴门内大街，北至阜成门内大街，西抵西二环路，东临太平桥大街。整个区域南北长约1700多米，东西宽约500～600米，总占地面积103公顷（图1-12）。

2．改造模式

1985年3月，西城区组织"西城区经济社会发展战略研讨会"，提出"以公建促危改"的方式推动西城"旧城改造"。北京金融街的城市更新的方针是：政府主导，企业运作，统一规划，分步实施。

（1）居民改善

金融街居民大部分采取的改善方式是外迁的异地改善，金融街地区的开发建设共搬迁居民1.5万户。

（2）传统风貌

2004年2月11日，《北京晚报》刊出西城区50年间消失胡同近200条，金融街地区在10余年间就消失胡同53条，仅保留名称的有11条，合计64条，占西城区消失胡同的近三分之一。

（3）资金平衡

金融街区域是北京建设时间最长，改造最彻

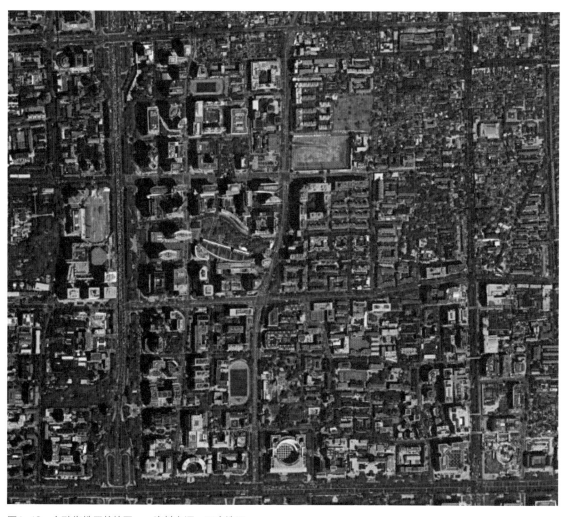

图1-12　金融街地区航拍图——资料来源：百度地图

底的一次城市更新实践项目，传统建筑全部的拆除建设为高标准的办公楼，居民全部迁出异地改善，建设资金由政府统筹安排，是北京城市更新历程中一次非常值得研究和关注的案例。

三、25片历史文化保护区的保护规划[1]

1．基本情况

1990年，北京城市总体规划确立了第一批旧城内25片历史文化保护区，1999年8月6日，北京市人民政府公布《北京旧城历史文化保护区保护和控制范围规划》[2]，重新划定了25片历史文化保护区，并划定保护和控制范围。2002年2月，北京市人民政府批准了北京市规划委员会组织编制的《北京旧城25片历史文化保护区保护规划》（图1-13）。

第一批旧城内25片历史文化保护区分别为：

（1）旧皇城内14个：南长街、北长街、西华门大街、南池子、北池子、东华门大街、文津街、景山前街、景山东街、景山西街、景山后街、地安门内大街、陟山门街、五四大街；

（2）旧皇城以外的内城7个：什刹海地区、南锣鼓巷、国子监地区、阜成门内大街、西四北头条至八条、东四三条至八条、东交民巷；

（3）外城4个：大栅栏、东琉璃厂街、西琉璃厂街、鲜鱼口地区。

北京旧城25片历史文化保护区总占地面积

1．北京市规划委员会. 北京旧城25片历史文化保护区保护规划［M］. 北京：北京燕山出版社，2002：9-15.

2．《北京旧城历史文化保护区保护和控制范围规划》于1999年3月23日在首都规划建设委员会第十八次会议原则通过.

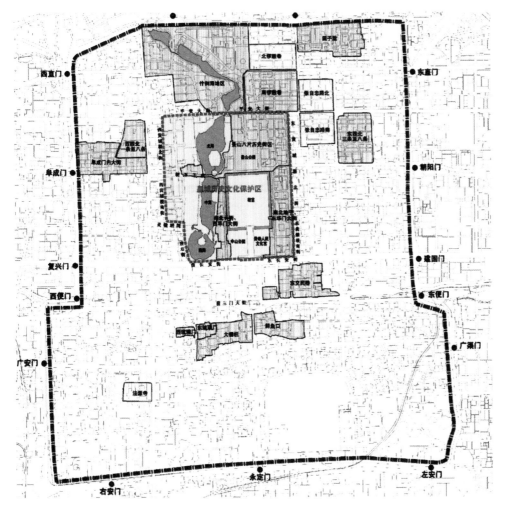

图1-13　北京25片历史文化保护区——资料来源：《北京胡同志》

为1038公顷，约占旧城总用地的17%。其中重点保护区占地面积649公顷，建设控制区占地面积389公顷。

历史文化保护区的划定，是北京城市更新执行双轨制的开始，在历史文化保护区之外，以危改开发为主的城市更新模式加速推进；在历史文化保护区内，以保护和更新为特点的城市更新模式开始探索。历史文化保护区的划定，对保护北京老城的整体格局和风貌、保存老城的传统城市肌理具有重要贡献，它守住了老城保护更新的底线。

2．改造模式

（1）居民改善

25片历史文化保护区内现在居民约9.5万户、28.5万人，总人口密度为275人/ha。根据居住人口的现状调查结果，居住院落的人口密度共划分为五级：

Ⅰ级：指每100平方米住宅用地上的居住人口少于2人，人均住宅用地面积大于50平方米的院落，属于超大型，此类院落为648个，占院落总数的6.4%。

Ⅱ级：指每100平方米住宅用地上的居住人口为2~4人，人均住宅用地面积25至50平方米的院落，属于舒适型，此类院落为1640个，占院落总数的16.4%。

Ⅲ级：指每100平方米住宅用地上的居住人口为4~7人，人均住宅用地面积15至25平方米的院落，属于经济型，此类院落为3866个，占院落总数的38.6%。

Ⅳ级、Ⅴ级：Ⅳ级指每100平方米住宅用地上的居住人口为7~10人，属于拥挤型；Ⅴ级指每100平方米住宅用地上的居住人口10人以上，属于特挤型，此两类院落为3870个，占院落总数的38.6%。

北京旧城25片历史文化保护区规划人口为

16.7万人，共需迁出人口11.8万人，占现状总人口的41%。

（2）传统风貌

重点保护区的保护规划原则：

1）根据其性质与特点，保护街区的整体风貌。

2）保护街区的历史真实性，保存历史遗存和原貌。历史遗存包括文物建筑、传统四合院和其他有价值的历史建筑及建筑构件。

3）建设采取"微循环式"的改造模式，循序渐进、逐步改善。

4）积极改善环境质量及基础设施条件，提高居民生活质量。

北京旧城25片历史文化保护区内总建筑面积约为613万平方米。其中建筑质量好和较好的占42%左右；建筑质量一般的占41%左右；建筑质量较差和差的占17%左右。

（3）资金平衡

历史文化保护区的资金投入非常巨大，资金的筹措方式，得到了多方关注。主要思路有：

1）建立保护区房屋保护和修缮专项资金。在2008年前，根据保护区房屋保护和修缮年度工作安排，市、区分别按年度安排相应资金，主要用于降低保护区人口密度。其中，市对区的财政专项转移支付办法由市财政局另行制定。[1]

2）成立历史文化保护区基金会，广开国家、民间、外资等多渠道解决保护和建设资金来源，可采取政府划拨用地、外迁居民出资负责建设成本、社会招标等多种办法集资，确保历史文化保护区的保护和建设能落到实处。[2]

四、南池子地区的修缮改建

1．基本情况

南池子大街是明清皇城内南北向重要通

1.《北京旧城历史文化保护区房屋保护和修缮工作的若干规定（试行）》2003年12月1日起实施.

2.《关于实施北京25片城市历史文化保护区规划的建议》政协北京市第九届委员会第四次会议　党派团体提案　第0031号.

道，位于故宫东侧，呈南北走向。北起东华门大街，与北池子大街相接；南至东长安街；东与缎库胡同、菖蒲河沿、普渡寺西巷等胡同相交；西与飞龙桥胡同、大苏州胡同、小苏州胡同、银丝胡同相交。南池子大街所在的南池子历史文化保护区总面积为34.5公顷，居住用地17.92公顷，居民4351户。作为第一批25片历史文化保护区之一的南池子，具有重要的历史价值。

为了推进北京历史文化名城保护工作，2000年底北京市将南池子历史文化保护区的修缮改建作为全市的试点工程。修缮改建范围，北起东华门大街，南至灯笼库胡同，西起南池子大街，东至瓷器库北巷，总规划占地6.4公顷，拆迁居民1076户（包括私房186户，标准租户42户），人口3038人，房屋2358间，建筑面积32763.17平方米。一期拆迁居民186户，二期拆迁居民890户。人口密度为每公顷475人，居民户均建筑面积为26.84平方米。

修缮改建前南池子历史文化保护区基本保持着北京传统居住区的风貌、格局及氛围。作为故宫周边的民居建筑，对故宫的保护起着很重要的作用。同时，该区域同其他历史文化保护区一样，人口密度高，居民多为中低收入家庭，住房拥挤，院内私搭乱建严重，危房占比高，抗灾能力差，安全隐患多，市政设施落后，居民生活条件恶劣。

南池子历史文化保护区修缮改建项目于2002年5月16日开始动迁，2002年8月11日破土动工，2003年8月31日居民开始回迁，历时一年零三个半月，总投资约7000万元。

2．改造模式

南池子改建修缮项目采用的是整体修缮改建的更新模式，改造前对片区的居住状况、建筑质量、传统风貌特征进行了详细的调查，对历史街区内有价值的历史文化信息进行了最大程度的保留。

（1）居民改善

南池子改建修缮项目原住民安置办法分为就地安置、定向安置、异地安置、货币安置四种，其中：就地回迁290户，定向安置194户（芍药居安置），异地安置46户（百子湾安置[1]），货币安置461户，单位及商户42户。1076户拆迁居民中，除去一期186户外，仅二期拆迁户中实际安置解决了1033户，包括分户、析产的分别安置。

试点项目修缮改建后疏解了70%的居民。回迁居民户均面积由26.84平方米提高到69平方米，购房价格约为4500元/平方米。新建回迁住宅楼78栋，包括一居室85套，二居室157套，三居室64套，四居室1套。新建四合院17处。

（2）传统风貌

南池子改建修缮项目依照建筑物的性质、价值、质量进行分类之后，确定了严格控制保留修缮、翻扩建及拆除改建的比例。拆除违章建筑，恢复庭院格局和空间。保留院落31处，新建居民回迁二层住宅楼78栋，新建四合院17处（图1-14）。

（3）资金平衡

在南池子试点项目中，通过土地功能调整、居民参与危改加房改、严格控制建设成本、政府投入一部分资金等方式，保障建设资金投入。据测算在3亿元左右的总投资中，政府直接投入为5200万元。街区改建范围内的道路整修、市政管线、照明、环卫等设施费及上述用地拆迁补偿费，根据不同情况，由政府、单位和居民三方共同承担。按院落实施房屋的修缮和改建，由产权人按规定和规划设计方案自主决定。

1．李臻．关于东城区历史文化风貌保护和危旧房改造建设情况的调研报告[R/OL].[2007-12-09].http://www.bjdch.gov.cn/n3201130/n3203903/n3203904/c3205039/content. html

（a）南池子改造后的街巷尺度

（b）南池子改造后的街巷空间

（c）南池子改造后的夹道

（d）南池子改造后的内院

（e）南池子改造后的建筑外檐

图1-14　南池子——资料来源:《北京四合院》

第五节 "十八大"以来的老城保护更新

2014年2月，习近平总书记发表重要讲话，强调历史文化是城市的灵魂，要像爱惜自己的生命一样保护好城市历史文化遗产。北京是世界著名古都，丰富的历史文化遗产是一张金名片。传承保护好这份宝贵的历史文化遗产是首都的职责，要本着对历史负责、对人民负责的精神，传承历史文脉，处理好城市改造开发和历史文化遗产保护利用的关系，切实做到在保护中发展、在发展中保护。

2017年，正式批复的新版北京城市总体规划，将老城原有的33片历史文化街区整合为：什刹海-南锣鼓巷文化精华区、雍和宫-国子监文化精华区、张自忠路北-新太仓文化精华区、张自忠路南-东四三至八条文化精华区、东四南文化精华区、白塔寺-西四文化精华区、皇城文化精华区、天安门广场文化精华区、东交民巷文化精华区、南闹市口文化精华区、琉璃厂-大栅栏-前门东文化精华区、宣西-法源寺文化精华区、天坛-先农坛文化精华区13片文化精华区，这13片文化精华区，是"北京特有的胡同—四合院传统建筑形态"最后的样本承载区，是"老城传统建筑色彩和形态特征"的底线，是"老城整体保护"的核心内容，是北京老城保护和城市更新的重点和难点。"十八大"以来，北京老城的保护和城市更新，在守住底线的同时，在不断的探索前行。

一、琉璃厂-大栅栏-前门东文化精华区

琉璃厂-大栅栏-前门东文化精华区整合了大栅栏、东琉璃厂、西琉璃厂、鲜鱼口四片历史文化保护区，将前门地区按照文化同质的属性进行归集，打破了行政区划的约束，有利于北京老城保护和城市更新的协同推进。

前门地区大规模的城市更新由来已久，2003年《前门地区修缮整治总体规划方案》通过市政府审批。"但自2005年10月份始，北京前门地区开始了成片的、有规模的拆毁胡同的'危房改造'工程。"[1]

"前门东片地区危险房屋实施解危排险"采用大规模资金介入的"人房分离"的模式，即"老百姓搬出以后，先将房子封闭保存起来，由文物专家鉴定以后，对有价值的保护、需修缮的修缮、需更新的更新"[2]。2017年9月北京城市新总规正式发布之后，前门东区根据新总规适时调整了城市更新思路。

琉璃厂-大栅栏地区先后启动了月亮湾环境综合整治、煤市街两侧及大栅栏商业街改造、部分胡同及低洼院落的提升改造、北京坊开发建设和劝业场修缮等项目，在2011年和2012年又分别启动了大栅栏杨梅竹斜街保护修缮项目和东、西琉璃厂地区的综合整治。2020年10月26日，大栅栏观音寺片区申请式退租项目启动，并于2020年12月25日签约结束，计划2024年整体亮相。

1. 前门东区的保护更新

（1）基本情况

2014年，北京老城的城市更新逐渐以保护为主，前门东区经过"城南计划——前门东区2014"国际学术论坛及规划展览的理论初探，西打磨厂集群设计的模式创新，草厂片区的环境景观与市政设施综合整治的提升以及新合院设计的实践积累，探索深化了前门东区保护与复兴的途径[3]（图1-15）。

2018年，在的上位规划的背景下，前门东区开始了新一轮的保护规划研究工作，研究范围包含前门东区和西区，占地面积约1.16平方千米；前门东区约占地0.55平方千米。前门东区原有居民1.4万户4.2万人，经过10多年疏解，现

1. 高明. 八政协委员联合提案：北京前门古建筑亟待保护[N/OL]. 新京报, [2006-03-09], http://news.sohu.com/20060309/n242198802.shtml

2. 王军."休克式保护"能否有效？前门搬迁保护还是开发. 瞭望周刊, [2006-5-12], http://www.chinanews.com/news/2006/2006-05-12/8/728872.shtml

3. 朱小地. 前门东区保护与复兴项目. 中国艺术[J], 2020（02）: 38-55.

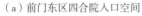
（a）前门东区四合院入口空间

（b）前门东区草厂四条

（c）前门东区街巷空间

图1-15 前门东区

有居民3297户，将近1万人口。

2003年前门东区开始紧急排险工作，2005年至2006年大量居民疏散。"拆走了3000多户，剩下8000多户中，又陆续走了5000户"[1]。目前，前门东区还剩下3297户居民，超过2/3的胡同居民已搬走。

（2）城市更新模式

1）居民改善

前门东区搬迁属协议搬迁，遵循"平等自愿、等价有偿、分步实施"的原则。外迁居民可购买豆各庄安置房源并给与优惠。豆各庄现房房价为21800元/平方米，购买第一套奖励安置房源时，按申购房源的建筑面积给予购房优惠12000元/平方米，实际购房价为9800元/平方米，第二套房源购房优惠8000元/平方米，实际购房价为13800元/平方米。

2015年以后，不再主动疏解居民。留下的住户，有意愿改善住房条件的，可以平移安置至前门草厂三至十条等区域内其他新建的四合院中。

2）传统风貌

对已腾空房屋以及留驻民居开展保护性修缮，推进已腾退空间的利用与平房院落的自主更新；对现存空地进行恢复性修建，使街区传统风貌得到恢复和延续。

通过研究制定相应的保护性修缮导则与恢复性修建导则，引导街区更新，以集群设计试点的方式尝试解决疏解腾退后房屋、土地的利用问题（图1-16）。

前门东区的城市更新在传统风貌的保护上有以下三个原则：

①杜绝大拆大建，进行整体保护和修缮；

②注重文脉的保护和传承，留驻原住民，引入年轻人；

③以院落为单位保护老城街巷、院落和屋顶，渐进式更新。

3）资金平衡

前门东区在危改项目启动伊始，通过大规模资金介入，完成片区人房分离；通过片区传统院落的更新改造，进行商业的植入和房地产产品的出售，以达到资金平衡。

2016年11月，前门东区与国际某知名酒店合作，在区域整体提升品质基础上，利用疏解腾退后的83个院落经营酒店，尝试在历史文化保护区内经营精品四合院酒店，并于2018完成了2个样板院的修缮及装修。

2017年，前门东区城市资产模式调整后，资金平衡方案也发生变化。

2. 杨梅竹斜街的保护更新

（1）基本情况

杨梅竹斜街全长496米，东起煤市街，西到

1. 何戍中. "挽留"老北京专家建议前门避免贵族化[N/OL]. 新京报，[2012-8-29] http://www. cila. cn/news/142564. html

（a）草厂七条胡同立面

（b）草厂七条景观绿化

图1-16　草厂七条

延寿街。杨梅竹斜街城市更新项目是2011年启动的"大栅栏更新计划"的一部分。项目北起耀武胡同，南至大栅栏西街，西起延寿寺街、桐梓胡同，东至扬威胡同、煤市街，占地面积约8.8公顷，腾退460个院落，涉及人口2182人，其中：居民2112户4861人，单位70人。现状建筑面积75620平方米。

2013年7月，杨梅竹斜街实施腾退改造，是西城区第一个历史文化保护区内的城市更新改造项目。此次改造实行自愿腾退的政策，截至2014年，项目共完成居民腾退640户，疏解人口约1800人，占片区总人口的30%左右。

（2）城市更新模式

杨梅竹斜街项目是政府主导下的历史文化保护区内的城市更新改造，是自上而下的有计划、有目的地的城市更新。

杨梅竹斜街采用"小规模、渐进式、微循环"的城市更新模式，能较好地兼顾人居环境改善、传统风貌保护、城市资产运营。

1）居民安置

按"人走权留、合作共建、微循环保护、平移并院"的方式，在2112户居民中，有529户居民选择迁出，搬迁到丰台、大兴或昌平的安置房，1683户居民选择继续留驻。

腾退完成后，鼓励和引导原住民参与区域更新，对留下的原住民，杨梅竹斜街项目创新性提出"平移试点"，把分散留在大杂院中的居民合并到一处院落居住，空余出的地方用来建公共厨房、便民菜站、公厕等生活设施，首批"平移试点"住户在2013年7月迁至杨梅竹斜街北面的炭儿胡同聚居。

2）传统风貌

在西城区首例历史文化街区内的城市更新项目的改造提升过程中，杨梅竹斜街对历史文化街区传统风貌的采取了兼容并蓄的态度。

通过大量的调研走访和历史信息梳理，最大限度地挖掘街道历史文化遗存。在沿街立面改造提升过程中，对形成于各个历史时期的建筑立面，坚持"应保尽保、应留尽留"的原则，对建筑进行评估和修缮改造，仅拆除极少数没有保留价值的房屋，结合留驻居民的合理需求进行修缮和改造。

通过对街区内建筑的历史文化价值分类评估，将价值显著的古建筑予以严格修复保护，保留了大部分原有店铺形态，使原街区历史文化氛围不因改造而丢失（图1-17）。

3）资金平衡

按照顶层设计及前期规划，完成片区的整体提升和居民的全部改善，资金来源分为三部

1．张利．吴晨访谈
[J]．世界建筑，2020
（01）：98-101．

图1-17　杨梅竹斜街

分，一是市级的资金投入；二是区级的资金投入；三是企业的自有资金和通过腾退资产的运营来筹措的资金。

　　杨梅竹斜街项目总投资约53亿，政府投入的资金主要用于前期的居民腾退、房屋修缮、市政基础设施改造和公共空间提升。以资金平衡周期来测算，城市更新项目的资金平衡周期远超一般的房地产开发项目。

　　2014年，杨梅竹斜街招商收入尚不足支付银行利息。项目的可持续发展性及可复制性不足。单纯的通过有形资产的运营不足以实现项目的资金平衡，必须结合高附加值的无形资产的运营尽量缩短资金平衡周期，吸纳社会主体参与投资改造和带动社区共建，来实现城市更新项目的可持续运营。

二、什刹海-南锣鼓巷文化精华区

　　2012年，吴晨团队开始参与南锣鼓巷地区的保护更新工作，南锣鼓巷地区完整的胡同格局自元代开始保留迄今，具有非常重要的价值。在保护更新过程中，既要通过保护延续这一片区的街巷胡同及四合院的历史价值，又要通过更新改善人居环境。2016年设计团队以南锣鼓巷地区为试点，为未来建设和管理提供依据，编制了《南锣鼓巷历史文化街区风貌保护管控导则》，这是

北京发布的首个关于风貌保护的管控导则。2018年，经过长期的总结与凝练，创造性地提出了北京老城"共生院"[1]的理念，这一理念获得广泛共识，并在老城内进行了广泛的实践。南锣鼓巷以"共生院"理念为中心，围绕"留驻户如何改善，腾空房如何利用"来开展工作，专题研究了四合院腾退后的五大难题，对区域内腾空房统一规划，根据历史街区风貌保护要求以及每户居民家中的不同空间特点和功能需求，进行"一院一方案，一户一设计"，探索了四合院保护的新思路和新方法。南锣鼓巷片区雨儿胡同和菜西片区西砖胡同，是2019年北京市政府确立的，进行老城保护和城市更新的试点项目，雨儿胡同街巷公共空间和共生院改造已于2019年下半年完成，周边的3条胡同的改造工作也正在有序展开。

　　（1）基本情况

　　南锣鼓巷地区是北京内城最古老的街区之一，北起鼓楼东大街，南至地安门东大街，东起交道口南大街，西至地安门外大街，面积0.88平方公里，总人口3.6万人，共有院落873个，房屋1.7万间，面积37.5万平方米。其中，单位自管房占总面积的49.2%，直管公房占总面积的31.8%，私房占总面积的19%。

　　1990年，南锣鼓巷地区因其重要的地理位置、规整的胡同肌理、完好的四合院建筑被列入北京市首批25片历史文化保护区。南锣鼓巷地区人口密度接近每平方公里4.1万人，远高于北京老城平均人口密度和2015年规划人口密度，2017年全年客流量超过1100万人。

　　南锣鼓巷地区雨儿胡同，呈东西走向，东起南锣鼓巷，西止东不压桥胡同，是南锣鼓巷西侧的8条横胡同之一。

　　2015年8月，雨儿胡同修缮整治项目正式启动，涉及福祥、蓑衣、雨儿、帽儿四条胡同内的662户居民、85个院落。雨儿胡同共有38个院

落，其中20余个院落涉及腾退，共腾退100余户居民，现有留驻居民约60户，拆除违法建设160间，建筑面积1446.1平方米。[1]

2019年，雨儿胡同完成19个院落的整体修缮整治提升，包括：房屋修缮、排水管道改造、安装化粪池设备、污水处理设备、院内地面铺装、门窗更新、室内装修、景观摆件布置、强弱电线路入地等；8个院落的清理整治；雨儿胡同沿街公共空间的环境整体提升。

（2）城市更新模式

1）居民改善

雨儿胡同自2015年启动胡同修缮整治工作以来，为了改善居民居住环境，采用自愿腾退的原则，居民既可以选择外迁异地改善，也可以在原住地继续居住。部分居民外迁，使选择留下来的居民有条件适度扩大居住面积（图1-18）。

自2015年9月14日起，正式接受项目范围内居民腾退自愿申请，截至2016年12月31日，共接受四条胡同居民的470份腾退申请，涉及院落59个；累计签约407户，占发放申请表户数的

61.5%，占四条胡同总户数的22.3%。签约房屋676.5间，建筑面积10031.05平方米，涉及人口1231人，整院签约12个。截至目前，签约户中已腾空交接374户，腾空房屋612.5间，建筑面积9063.04平方米。项目共筹集北苑城锦苑、金隅泰和园、康惠园、双合家园、溪城家园等现房房源623套，以及豆各庄期房房源240套；共使用现房498套，期房14套。[2]

2）传统风貌

雨儿胡同整治提升的原则是：一院一方案、一户一设计。参与雨儿胡同改善提升的设计师和专家们组成8个工作营和顾问组，以"整体规划、织补功能、还原规制、精细修缮，修旧如旧、保护风貌，分类施策、改善民生"的整体思路，根据历史街区风貌保护要求和每户居民家中的不同空间特点，为雨儿胡同编制了24套院落的设计方案、公共空间精细化提升方案和排水排污设计方案。为全面保存延续北京老城的历史状况和建筑风貌，制定了专门的管理办法，充分挖掘老材料、老构件的历史价值和实用价值，保留胡同老味道，留驻老北京的记忆和乡愁，让人们在新建筑中感受到古意与传承。经过严格考察，选择了3支具备古建修缮资质的专业队伍，参与雨儿胡同的整体修缮工作。

3）资金平衡

雨儿胡同修缮整治项目共筹集资金18.2亿元，腾退补偿费用13.54亿元。腾退房购房款及相关费用7.03亿元。[3]腾退后的房屋一部分以公租房的价格租给符合条件的留驻居民改善居住环境，一部分作为社区居民公共活动空间，比如雨儿胡同30号的雨儿人家。

图1-18　雨儿胡同改造后的共生院

1.《东城区人民政府关于实施历史文化街区——南锣鼓巷地区保护复兴计划情况的报告》东城区区十六届人大常委会公报（第5号）2017-12-25.

2. 3.《东城区人民政府关于实施历史文化街区——南锣鼓巷地区保护复兴计划情况的报告》东城区区十六届人大常委会公报（第5号）2017-12-25.

第二章
西砖胡同的保护更新实践

北京老城保护和城市更新以胡同街巷及其串联的一个个四合院为基本单元渐次展开，最后连点成线，连线成面进而遍及老城。在老城保护和城市更新的研究中，需要于大处着眼，于细处着手，西砖胡同的老城保护和城市更新试点，就是细处着手的一个典型案例，我们以西砖胡同试点项目为研究样本，通过对其事前计划的详细分析，事后总结的系统研究，将西砖胡同老城保护和城市更新的全过程进行呈现，以期后面次第展开的老城保护和城市更新项目能够愈加成熟。

第一节　西砖胡同历史考述

一、西砖胡同历史脉络梳理

街巷胡同及四合院的历史研究不能脱离其所在的周边环境，必须将其置于某个时点并结合周边的环境进行分析，这样才能获得全面、系统的历史信息，得出经得住推敲、令人信服的论断。

西砖胡同的历史梳理研究是将西砖胡同及其相关联的东到丞相胡同（已拆）、西到教子胡同、南到南横西街、北到广安门内大街的整个片区作为一个整体进行研究，西砖胡同及周边相关联区域的街巷胡同的形成与发展，受隋唐幽州城以来的城市发展和城市边界的影响，同时，还与法源寺的建设与兴衰密不可分。

具体来说，西砖胡同及周边相关联区域的形成与发展的重要影响因素有三个：一是法源寺的建设与兴衰；二是隋唐幽州、辽南京、金中都、明清北京的城市发展与变迁；三是广安门内大街及南横街的发展与变迁。这三个因素对西砖胡同的南北边界、走向、胡同肌理都有非常重要的影响。

1. 形成期（隋唐时期）

考古学者根据历年发现的唐人墓志，展开对唐幽州城方位的研究，推断唐幽州城的范围四至为：东垣在今烂缦胡同与法源寺之间；西垣在今小马厂、甘石桥东侧；南垣在今白纸坊东、西街；北垣在今西城区头发胡同及白云观以西。幽州子城位于城之西南隅，依傍幽州城西、城南垣而建，悯忠寺（今法源寺）在城的东南隅。西砖胡同是与烂漫胡同基本平行的一条胡同，西砖胡同在唐幽州城东垣内，烂漫胡同在东垣外，西砖胡同所在的片区这个时期已经被纳入到幽州城内部，具备了逐渐形成街巷的基础条件。

法源寺始建于唐代，至今已有一千三百多年的历史，法源寺在历史上规模宏大，对周边城市的发展产生过重要的影响，通过梳理法源寺的历史发展沿革，为周边片区的发展整理出了一条清晰的、较为详尽的发展脉络。

根据史料记载，我们可以梳理出法源寺的历史发展脉络，法源寺规划于唐太宗贞观十九年（645年），于武则天万岁通天元年（696年）建成。位于唐幽州城内。唐玄宗天宝十四年（755年），安禄山在寺东南隅建塔。唐肃宗至德二载（757年），史思明在西南隅建塔，两塔在寺前东西对立。唐中和二年（882年），悯忠寺毁于火灾，楼台俱烬。唐昭宗乾宁末年（897年），节度使刘仁恭重建双塔。唐末时悯忠寺又逐渐恢复起来。

傅熹年先生于《北京法源寺的建筑》一文中推测了一张唐末至辽天禄四年观音阁被焚前这段时间的悯忠寺想象图（图2-1）。《悯忠寺重藏舍利记》："大燕城内东南隅，有悯忠寺，门临康街"。傅熹年先生认为"康街"约相当于现

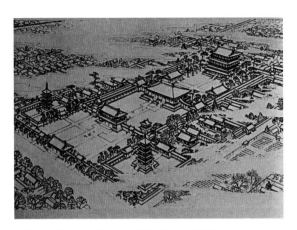

图2-1　悯忠寺复原图——资料来源：傅熹年

在南横街的位置，法源寺南门应在此街上，并推测唐悯忠寺的东西塔院应在现在法源寺门前的东西两侧，介于南横街和法源寺前街之间。

根据以上唐幽州城、法源寺及康街的史料，结合唐代寺庙型制及傅熹年先生关于悯忠寺想象图可以推断，西砖胡同为唐代悯忠寺东侧院墙外的一条南北走向的便道，南端在康街。

2. 发展期（辽金元时期）

辽代南京城是沿袭唐幽州旧城营建而成，其周长、面积也与旧城相近。《辽史·地理志》中记载：南京城东墙有安东、迎春二门。迎春门居南，迎春门大街连接迎春门和内城的宣和门，与南横街走向位置相一致，悯忠寺位于迎春门大街以北。檀州街连接安东门与清晋门，与现广安门内大街位置走向基本吻合（图2-2）。

辽、金、元时期北京逐渐成为北方的政治中心，在近400年的时间中，政权更迭频繁，法源寺经历多次天灾人祸，几经损毁与重建，根据辽南京、金中都、法源寺的重建及南横街、广安门内大街的史料，判断：辽、金、元时期悯忠寺的格局，依然保持唐代建寺时期的基本格局，西砖胡同仍为悯忠寺东侧院墙外的一条南北走向的便道，南端在南横西街，北端在广安门内大街。

3. 定型期（明）

明成祖朱棣于1403年改北平为北京。1406年，开始筹划迁都并开始北京城的建设，1419年在元大都城墙基础上将北城墙南移2.5公里，南城墙南移0.8公里，形成现在的北京内城。明嘉靖三十二年（1553年）加筑外城。悯忠寺（崇福寺）居于外城内的宣武门外（图2-3）。

根据成书于明嘉靖三十九年（1560年）的《京师五城坊巷胡同集》记载，位于宣南坊的砖儿胡同就是今天的西砖胡同，这是目前可查最早的关于西砖胡同的文字资料。书中称这条胡同为砖儿胡同，推测出此时的砖儿胡同已经非常成熟，其形成与发展要早于《京师五城坊巷胡同集》成书的1560年，这也印证了对隋唐和辽金时期西砖胡同发展脉络的推测（图2-4）。

根据以上明代北京城内外城的建设，广安门内大街于1553年明嘉靖年间修筑外城后正式形成，西砖胡同的北端也正式确定。根据明代法源寺重修改建的碑文记载，对比唐、辽、金时期悯忠寺的格局与型制，判断明代崇福寺在唐悯忠寺的基础上保留中轴线上的建筑及钟鼓等。根据明代对寺庙型制的要求及物力、财力的考量，对东西双塔主导的东西两路进行缩减，这就使得以唐悯忠寺为基础形成的西砖胡同和明代崇福寺之间形成了一片发展用地，为西砖胡同片区的发展奠定了基础。

4. 成熟期（清、民国）

清代北京城基本沿袭明代北京城的格局，只改动了皇城内的布局，全城的规划和街道布局基本没有变化。清朝初期在菜市口南的南横街内法源寺前出现了一条街，称法源寺前街。清朝乾隆年间对法源寺进行了大规模的修缮，具体情况在《法源寺志（稿本）》有详细记载。《1936年北平市政府第一次寺庙总登记》对法源寺情况进行了登记。1942年，法源寺前有较宽

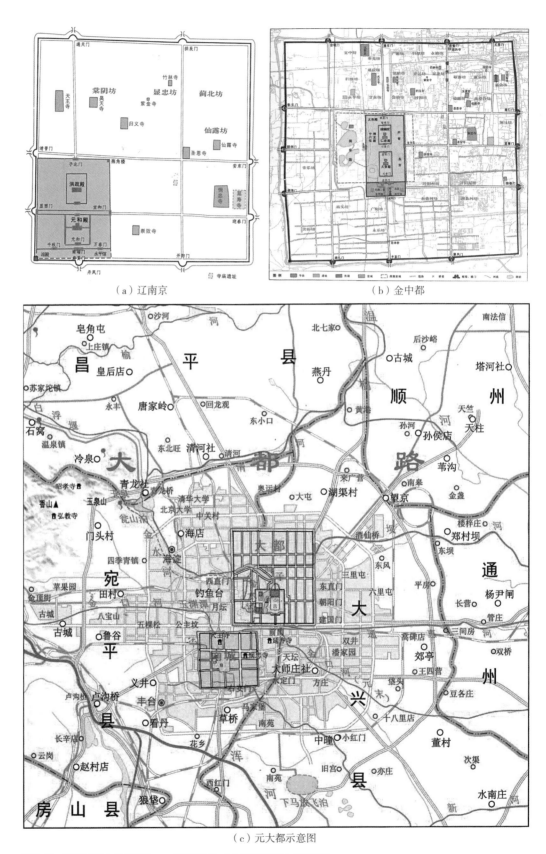

（a）辽南京

（b）金中都

（c）元大都示意图

图2-2　北京城历史格局变化——资料来源：《北京宣南历史地图集》

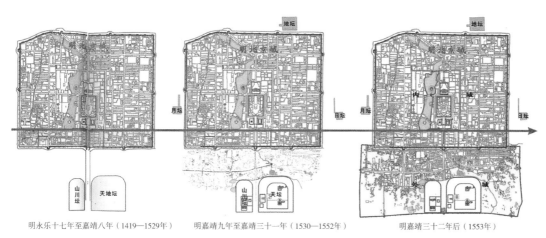

| 明永乐十七年至嘉靖八年（1419—1529年） | 明嘉靖九年至嘉靖三十一年（1530—1552年） | 明嘉靖三十二年后（1553年） |

图2-3　明北京城的演变——资料来源：《北京宣南历史地图集》

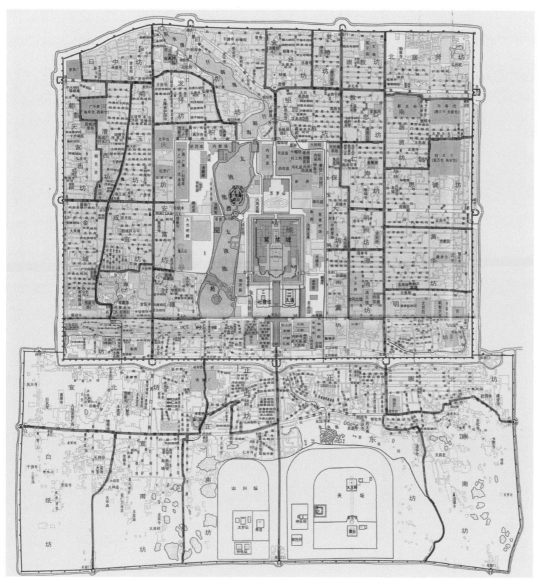

图2-4　明北京平面——资料来源：《文物古迹览胜》

敞的场地，寺门左右两侧列有斜墙（图2-5）。

这个时期记载法源寺及西砖胡同的书籍和地图资料较为丰富，这些资料显示，明代记载崇福寺1438年重修落成时房屋数量"以间计者凡一百四十"，到1936年数量发展到"房屋六百二十八间"，说明法源寺周边区域的房屋建设量非常大，这一片区发展得非常迅速。同时对比1750年乾隆京城全图以来至民国时期流传下来的北京城的地图，虽然西砖胡同的名称有所变化，但是西砖胡同及其他17条胡同的位置及走向肌理基本没有变化，而胡同两侧的院落密度逐渐增加。

5. 衰退期（1949—2017年）

城市功能的转化、社会发展的不断进步、城市人口的持续增加，是北京老城城市更新最重要的影响因素，对1949年以后的北京影响巨

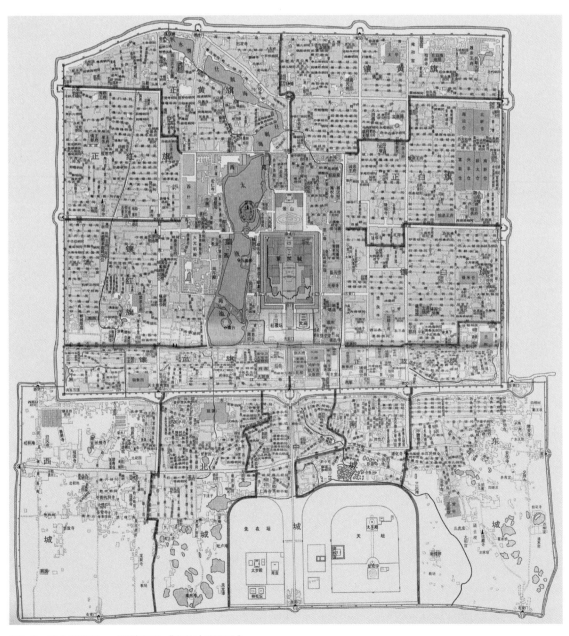

图2-5　清北京平面——资料来源：《文物古迹览胜》

大，具体影响：一是道路拓宽对胡同肌理的影响；二是现代大体量建筑的不断建设，对传统风貌的影响；三是自建房建设对院落公共空间环境的影响。

具体到西砖胡同片区的变化如下：

（1）道路拓宽对胡同肌理的影响

1994年，与广安门内大街相接的教子胡同北端、西砖胡同北端、烂漫胡同北端、南半截胡同北端、丞相胡同北端近20米的一部分区域被拓宽后的广安门内大街占用，沿广内大街南侧院落规整的沿街界面被拆除，现存的教子胡同至西砖胡同范围的沿街界面至今尚未恢复。

1999年，建成菜市口大街，丞相胡同被拆除，与其相接的天井胡同东端缩减至现在的范围，沿丞相胡同西侧院落规整的沿街界面被拆除，现存的莲花胡同至南横西街范围的沿街界面至今尚未恢复。

2001年的南横街拓宽，与其相接的教子胡同、七井胡同、烂漫胡同、南半截胡同南端向北缩减了15米左右。现存的教子胡同至菜市口大街范围的沿街界面被打破（图2-6）。

（2）大体量、大规模、高密度建筑的建设对传统风貌的影响

1955年建设的中国伊斯兰教经学院、1956年建设中国佛学院、1953年建设的北京第一汽车附件厂、北京杂技团、1986年建设的宣武区图书馆、1998年建设的法源寺西里小区、2002年建设的枫桦豪景小区等现代大体量建筑，使得原来以法源寺为地标，以传统四合院坡屋顶为基础形成的城市第五立面和城市天际线发生了彻底的改变（图2-7）。

（3）自建房建设对院落公共空间环境的影响

自1949年以来，为解决城市人口增加，而采取的临时"接、推、扩"[1]的自建房建设，挤占了院落内部及胡同内零散空地，对院落公共空间环境产生了非常大的影响，彻底改变了"天棚鱼缸石榴树，先生肥狗胖丫头"[2]的四合院居住意境，这些自建房在历史发展过程中有的取得了正式房身份，有的作为既成事实予以默认，成为风貌恢复过程中最大的难点（图2-8）。

1.《北京志·市政卷·房地产志》北京市地方志编纂委员会　编著　北京出版社2000年

2.《旧京琐记》夏仁虎（1873～1963），字蔚如，号枝巢子。南京人。清朝举人。光绪二十四年迁居北京。久居京师，活动于政界，社会阅历广泛，对当时京城的掌故旧闻、风土习俗、名胜古迹、城厢市肆以及清末朝流、宫闱、仪制、考试等比较了解。

图2-6　西砖胡同片区现状测绘图

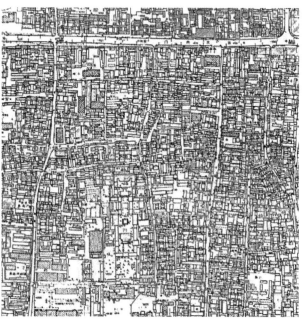

图2-7　1955年西砖胡同片区街巷肌理——资料来源：《增订宣南鸿雪图志》

6. 复兴期（2018至今）

自2018年西砖胡同率先启动恢复性修建以来，通过西砖胡同老城保护和城市更新试点项目及法源寺街区更新计划，对破拆沿街界面的织补修缮，对片区内四合院进行渐进式的恢复性修建，对胡同及共生院内人居环境的改善提升等一系列卓有成效的措施，正在使片区内的平房逐渐恢复（图2-9）。

图2-8　2018年西砖胡同片区局部俯视

图2-9　西砖胡同片区东北角鸟瞰图

二、西砖胡同传统文化构成

1. 宗教文化

西砖胡同片区宗教历史悠久，有北京老城内现存历史最悠久的法源寺，宗教场所密度高，自乾隆京城全图以来明确可考的寺庙，有近20座之多，宗教形式多样，涉及儒、释、道多种宗教形式，展现出丰富的宗教文化内涵，其中以法源寺为核心形成的寺庙文化影响范围最广，持续时间最长。法源寺最早可以追溯到唐代的悯忠寺，建寺的目的是缅怀戍边牺牲的将士稳定军心，此后经过历代演变，逐渐形成了集合祭祀、法事、祈福、游览等功能的寺庙文化（图2-10~图2-14）。

西砖胡同片区寺庙统计　　　　表2-1

寺庙	所在位置	寺庙	所在位置
关帝庙	广安门内大街	伏魔庙	九间房
宏玄庵	醋章胡同	三圣庵	红罗厂
白衣庵	莲花寺湾	谢枋得祠	法源寺后街
东岳庙		法源寺	法源寺前街
莲花寺		景忠庙	
城隍庙		尉使君寺	
天齐庙		绵山寺	
七圣寺	七圣庙	大悲院	
水月庵	烂漫胡同	静宁寺	教子胡同
观音庵（小庙）	南半截胡同	灵虚观	南横街
伏魔庙	丞相胡同	大延寿寺	

2. 平民文化

清朝顺治年间只有旗人及少数汉人能住在

图2-10　法源寺悯忠阁

图2-11　莲花寺正殿

（a）仅存的正殿

（b）宏衍寺东南俯视

图2-12　宏衍寺

（a）一进院　　　　　　　　　　　　　　　　（b）门楼

（c）二进院

图2-13　法源寺后街1号院——资料来源：李楠拍摄

北京内城，绝大多数汉族平民及汉族官员只能居住在北京外城，从而使得西砖胡同片区形成了以汉族文化为主的平民文化，包括以平民四合院为载体形成的居住文化，依托广安门大街和菜市口形成的商业文化和饮食文化。

3. 士人文化

明代后期及清代，朝廷的科举考试从南京移到北京，使得全国的参加科举考试的士子都齐集北京，受"满汉分城"等一系列城市管理制度的影响，西砖胡同所处的宣南地区成为了全国赶考士子的聚集地。西砖胡同片区逐渐形成了士人文化为特色的文学、艺术、交友等各种文化与艺术活动的聚集地。在这一片区具有影响力的士人团体和活动有：丁香诗会和宣南画社。

4. 会馆文化

受科举制度、城门管理制度、城市管理制度的影响，来往京师人士常以宣南会馆为寄寓及活动的场所。

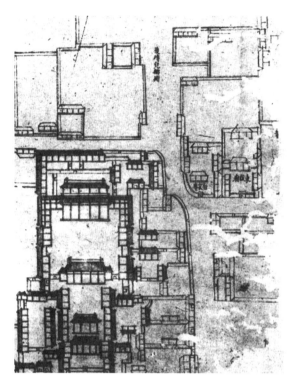

图2-14　乾隆京城全图中的白衣庵和东岳庙——资料来源：《加摹乾隆京城全图》

会馆起建于明代，它是人口流动的产物，是同乡人士在客居地建立的一种社会组织，用以互助和协调同籍客居群体内部和外部的关系。明代初年至中期，是会馆的初始阶段，其特征主要是官绅阶层的娱乐场所，而后它作为一种为客居人口服务的有效社会组织形式而被广泛应用，形成为士人服务为主的试馆，为商人服务为主的商业会馆。

清代时，居住在京师的士人商贾充分利用了京师宣南的地理优势，把这里作为建立会馆的首选之地。同时，又通过京师的文化集聚效应和政治辐射功能，既联谊了乡情、又影响着各地文化，使宣南成为人文荟萃之所，并促进了各省会馆在宣南的云集。

清代是北京会馆发展的极盛时期，据1949年北京市民政局的调查，北京有会馆391座，多数为清代所建。北京清代会馆基本建在外城，其中外城西部的宣南地区占有7/10，外城东部约占3/10（图2-15，表2-2）。

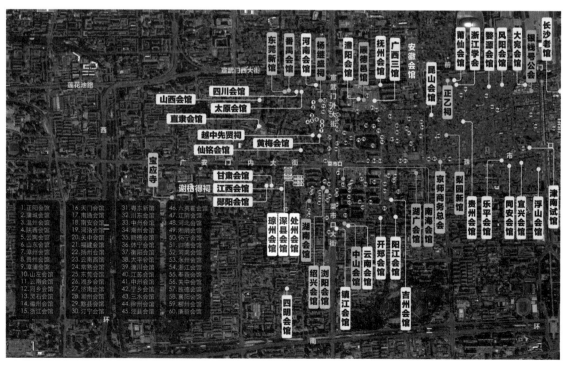

图2-15　宣南会馆分布图

西砖胡同片区会馆统计　　　　　　　　　表2-2

会馆名称	所在位置	会馆名称	所在位置
河东烟行会馆	广安门内大街	江西会馆	北半截胡同
洪洞会馆		吴兴会馆	
陈州会馆	醋章胡同	潼川会馆	
粤东会馆		浏阳会馆	
青州会馆	门楼巷	歙县会馆	南半截胡同
琼州会馆	西砖胡同	绍兴会馆	
深州会馆		黟县会馆	
琼州会馆		武昌会馆	
仙游会馆		江宁会馆	
蓟州会馆	莲花寺湾	湖州会馆	
蕲春会馆	七圣庙	中州会馆	丞相胡同
绍兴会馆	烂漫胡同	江西会馆	
元宁会馆		太平会馆	
汉中会馆		衡阳会馆	
湘乡会馆		扬州会馆	
济南会馆		休宁会馆	
湖州会馆		潮州会馆	
湖南会馆		顺邑会馆	
宁羌会馆		徐闻会馆	
黟县会馆		重庆会馆	
东莞会馆		顺德会馆	天景胡同
常熟会馆		襄阳会馆	南横街
四川南馆	北半截胡同	甘肃会馆	
湖州会馆（2）		六英霍会馆	
江苏会馆（2）		粤东新馆	

三、西砖胡同片区的胡同及院落

　　明清时期，北京城市格局定型以来街巷胡同肌理总体分为两类：一类是内城，受元大都统一规划的影响，街巷胡同的肌理总体呈棋盘格状，东西走向胡同与南北走向大街垂直交错，仅部分胡同受河湖等自然地理环境的影响，出现斜街或转弯的现象；另一类是外城，未经过统一规划，对随形就势自然生长的街巷胡同加以简单梳理，呈现出道路弯转曲折、纵横交错、形态各异的特点。二者形成了内城胡同严整划一、外城胡同活泼自然的空间形态。

　　西砖胡同位于北京老城的外城，这里的胡同受辽南京、金中都城墙和法源寺的影响，主要胡同呈现南北向的街巷格局。相对于现今北京老城内多为东西向的"横胡同"来讲，西砖胡同周边多为南北向的"竖胡同"，这种在区域中具有一定规模的"竖胡同"构成了该地区独特的街巷格局，与北京其他区域东西向的"横胡同"形成了鲜明对比，形成了独特的街区肌理。

　　根据《北京胡同志》，西砖胡同所在的36公顷的区域内共录入胡同18条，现存胡同15条，其中：基本保持原肌理的7条，部分拆除的9条，在1994年广安门内大街完成拓宽时，西砖胡同北端有长约20米的一端被拆除。

　　西砖胡同片区内现存平房院落323个（按门牌号统计），全国重点文物保护单位1处，市级文物保护单位3处，区级文物保护单位1处，普查登记院落30处，近优秀历史建筑1处，此外还有二级以上挂牌古树16棵。

　　《宣南鸿雪图志》重点标注院落25处（图2-16）。

　　西砖胡同位于宣西—法源寺文化精华区内，胡同北接广安门内大街，南接七井胡同，胡同西侧与醋章胡同、培育胡同、法源寺后街、法源寺前街相交；东侧与醋章胡同、莲花胡同、永庆胡同相交。长585米、宽4~8米，西砖胡同两侧四合院共涉及81个院落（按门牌号统计，含简易楼1处）。西砖胡同的院落除了具有北京四合院的一般特点外，还有布局灵活、密度大、尺度小、样式多等特点。（图2-17）

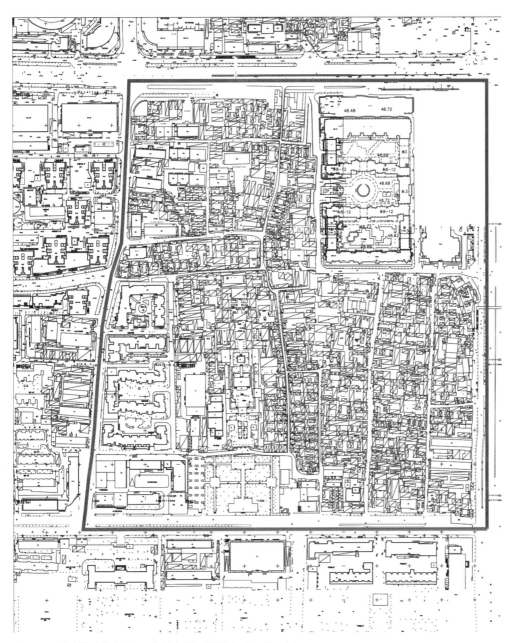

图2-16　重点院落分布图——资料来源:《增订宣南鸿雪图志》

（a）西砖胡同公共空间提升效果图

（b）公共空间提升效果图

图2-17　西砖胡同

第二节　西砖胡同试点项目背景

1. 西砖胡同试点项目正式批复名称为：菜市口西片老城保护和城市更新试点项目，本书为强调2018年发生在西砖胡同的恢复性修建，将项目称为西砖胡同试点项目

西砖胡同试点项目[1]是在2017年新版北京城市总体规划批复后，进行的第一个以新总规为行动纲领的老城保护和城市更新试点项目，通过试点申请式退租、申请式改善、恢复性修建、公房管理、城市资产运营，探索老城保护和城市更新可推广、可复制的模式。

一、西砖胡同试点项目基本情况

西砖胡同试点项目位于广安门内大街与菜市口大街交叉口西南角，东至莲花胡同，西至教子胡同，北至广安门内大街，南至法源寺后街，包含西砖胡同（主胡同北段及支胡同）、醋章胡同、培育胡同、法源寺后街、莲花胡同（西段）、教子胡同（北段东侧）、广安门内大街（永庆胡同至教子胡同段南侧）、永庆胡同、门楼巷九条胡同街巷，包含区级文保院落1处，普查登记院落3处，优秀历史建筑1处在内的131处院落，占地面积6.56公顷。

西砖胡同试点项目位于2017年批复的新版北京城市总体规划整合的13片文化精华区之一的宣西—法源寺文化精华区内，是2018版核心区控规规划的10条文化探访路之一的新文化街—宣南文化探访路上的重要节点，是现存为数不多的承载宣南记忆的成片平房区（图2-18～图2-20）。

2007年西砖胡同试点项目所属地块为危改项目，危改拆迁用地范围内原有居民户数1506户，建筑面积2.2万平方米；单位30户，建筑面积2.79万平方米。2009年危改拆迁停滞，共拆迁居民376户、单位5户，此后，项目一直处于拆迁停滞状态。2016年，拆迁手续到期后，现场处于失管状态。项目没有取得实质进展。

2018年北京金恒丰城市更新资产运营管理公司（实施主体，以下简称金恒丰公司）进驻后，以2017年批复的新版北京城市总体规划为支撑，在已拆迁腾退的院落中，运用恢复性修建的方式，复建、织补已拆除房屋，还原传统建筑风貌，恢复胡同肌理，在三个月的时间内，完成西砖胡同沿线14个院落恢复性修建，并在2018年10月的北京设计周中精彩亮相，取得了良好的社会反响。

图2-18　片区区位

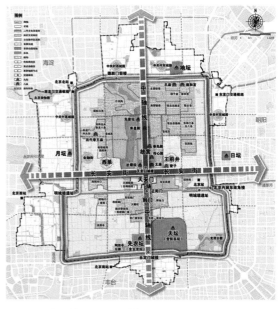

图2-19　文化精华区——资料来源：北京市规划和自然委员会

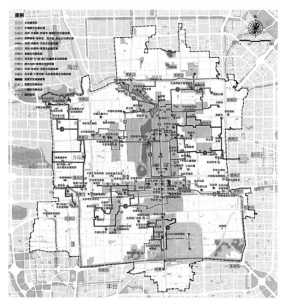

图2-20　文化探访路——资料来源：北京市规划和自然委员会

2019年6月，西砖胡同试点项目完成项目备案，获准开展申请式退租、城市更新、配套设施完善等相关工作，西砖胡同试点正式启动。试点项目是北京首例实施的直管公房申请式退租、恢复性修建、申请式改善的民生项目。

西砖胡同试点项目在西城区政府及各委办局的指导下，详细地制定了申请式退租政策及退租流程，申请式退租强调居民自愿、补偿标准明确、住房保障政策对接有效、有序腾退的原则。对有序推进历史文化街区开展老城保护和城市更新，最终实现建筑共生、居民共生、文化共生，起到积极的示范作用。截至2020年底核心区已经有6个项目按照此模式开展老城保护更新工作。

二、西砖胡同试点项目难点分析

1．缺乏新总规语境下可供参考、借鉴的老城保护更新模式

成熟的保护更新模式是指"规划可支持、资金可保障、群众可接受"，能够妥善处理老城传统风貌保护、人居环境改善、资金平衡老城保护更新三要素之间的关系，在保护和发展之

间取得平衡的老城保护操作模式。

2．试点项目中房屋产权关系复杂

试点项目内建筑产权复杂，涉及直管公房、自管产、私房、宗教产、军产、自建房（84年以前的，有证违建、住人自建、自管产权属不清、临建）等多种产别，每种产权在制定申请式退租、申请式改善、恢复性修建实施方案时都要区别对待。

3．新总规语境下，针对恢复性修建的规划、建设、经营审批路径尚在探索完善阶段

《北京城市总体规划（2016年—2035年）》规定"保护北京特有的胡同—四合院传统建筑形态，老城内不再拆除胡同四合院"[1]，北京老城内的危改遗留项目继续推进，唯一可选择的路径就是走恢复性修建的模式，由于房屋产权关系复杂，共处一院同墙共脊的房屋往往产权也各不相同，尤其是在共生院的恢复性修建过程中，不同产权的房屋规划、建设、经营审批程序不同，目前新总规语境下，针对恢复性修建的规划、建设、经营审批路径尚在探索完善阶段。

4．"双控四降"背景下，老城保护更新项目资金平衡困难增加

控制人口规模、控制建筑密度、降低人口密度、旅游密度、建筑密度及商业密度，这是在北京老城保护和城市更新过程中遇到的新课题。作为新总规批复实施后第一个老城保护和城市更新试点项目，西砖胡同试点项目在进行资金平衡测算时，遇到的首要问题就是"双控四降"背景下，在城市资产运营过程中因为业态受到"正面和负面清单"的限制，城市运营资产价值将会因此大幅贬值，老城保护更新项目资金平衡困难增加。

5．市政基础设施亟待改善提升

影响北京老城人居环境提升的两个重要因素：一个是人均居住面积小，另一个是市政基

1.《北京城市总体规划（2016年—2035年）》2017-09-27；第四章　加强历史文化名城保护，强化首都风范、古都风韵、时代风貌的城市特色；第57条　坚持整体保护十重点；6．保护北京特有的胡同—四合院传统建筑形态，老城内不再拆除胡同四合院

础设施落后。北京老城平房区市政基础设施非常落后，很多片区的下水管道还是20世纪敷设的陶土管排水管道。像烂漫胡同完成上下水等市政设施改造的胡同还是少数，大部分胡同内的市政设施没有进行现代化改造。

北京老城市政基础设施（图2-2-6）

6．缺少与老城风貌相适应的现代机电设备

工业社会和后工业社会语境下，现代北京四合院的生活意趣，首先是建筑本体的安全舒适，然后是能够享受现代科技带来的生活便利。在保护和发展的逻辑之下，空调、暖气、给水排水等非传统四合院原生的这些设备设施，应该有与老城风貌相配套的产品，当前老城内的这些设备设施是中国传统风貌与国际通用形式的一种硬性拼接，没有协调改进，缺少融合创新（图2-21、图2-22）。

图2-21　胡同沿街立面的强弱电设备

图2-22　胡同沿街立面的空调室外机

7．老城保护更新一线专业技术从业人才储备不足

北京的老城保护和城市更新是一个复杂的系统性工作，需要更多的复合型人才参与其中。与老城保护和城市更新相关的从业人员大致分为以下几类：政府部门老城保护和城市更新行政主管方面的人员、实施主体老城保护和城市更新实操人员、设计人员、施工人员、科研院校研究人员等。

当前从事老城保护和更新的专业人员主要分两部分，一部分是偏重设计和营造实践的一线从业人员，一部分是偏重理论研究的科研院校研究团队。新的形势下，需要培养更多既能从事建筑营造实践，也能总结升华为理论成果的综合性人才。

第三节　西砖胡同试点项目实践

西砖胡同试点项目从2017年西砖胡同恢复性修建的酝酿阶段开始，到现在已经5年多的时间，试点项目按照计划，已经推进到城市资产运营阶段。

试点项目在申请式退租、恢复性修建、申请式改善、城市资产运营和公房管理五大城市更新模块都积累了丰富的经验，根据对试点项目各个模块系统的思路梳理及经验总结，将西砖胡同试点项目分为：片区选取、项目立项、实施方案制定、资金筹措、申请式退租、申请式改善、恢复性修建、公共空间环境提升、城市资产运营、物业管理十个关键环节，下文将结合西砖胡同试点项目，将这十个关键环节详细的操作流程及工作经验进行系统的梳理和总结：

一、片区选取

根据2017年批复实施的新版北京城市总体规划[1]和2020年批复实施的核心区控规提供的数据测算[2]，2020年北京核心区传统平房区面积约24平方公里，传统平房区涉及常驻人口约53万人，约占核心区总人口的34%。如果全部启动退租，政府的财力、物力和组织工作所需的人力都难以承受，老城的保护更新是一个渐进式的过程，需要根据核心区每片平房区的具体情况，安排先后顺序，启动老城保护和城市更新的一系列工作，如何确定项目启动的先后顺序，先选哪片启动后选哪片启动，要有科学的衡量指标。

作为试点项目的西砖胡同试点项目启动前的情况是：

（1）试点项目为拆迁遗留片区，现场房屋失管达10年之久；居民居住环境差，户均居住面积不足15平方米，多数居民几代人同时居住，为了拓展居住空间，院内自建房加建严重，自建房面积占片区总建筑面积的比例达到40%；

（2）试点项目片区内市政基础设施老化严重，没有户厕和院厕，居住条件非常艰苦；

（3）试点项目片区内公共服务配套缺失严重，居民居住条件亟须改善；

（4）试点项目片区内居民低保、残疾等困难家庭比例偏高，居民自身也无力改善居住条件；

（5）试点项目片区内人口老龄化严重，基本没有适老化设施。（图2-23）

根据试点项目的相关经验，为陆续启动的老城保护和城市更新项目提供科学的评判依据，搭建了启动老城保护和城市更新项目的评分决策模型，评分决策模型通过4项一级评分指标体系，23项二级评分指标的具体量化，来为项目的启动提供参考（图2-23）。具体指标如下：

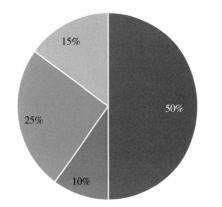

■核心指标　■规划类指标　■经济类指标　■居民指标

图2-23　老城保护和城市更新项目的评分决策模型一级评价指标比例

1. 核心指标

本项指标主要是针对拟启动项目的基本情况进行评价。核心指标是评分决策模型的关键指标，这项指标很难通过自身或周边的提升进行调整，包括是否为拆迁遗留片区、片区户数、对接房源位置、对接房源时间（期房/现房）、户均面积、建筑破损度6项二级指标（图2-24）。

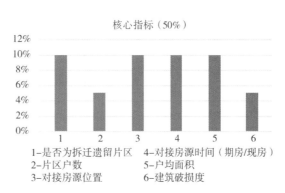

核心指标（50%）

1-是否为拆迁遗留片区　　4-对接房源时间（期房/现房）
2-片区户数　　　　　　　5-户均面积
3-对接房源位置　　　　　6-建筑破损度

图2-24　核心指标中的6项二级评价指标

2. 规划类指标

本项指标是项目舒适度的评价指标，这项指标可以通过周边和自身资源的配置进行优化，包括十五分钟社区服务圈覆盖率、绿地500米服务半径覆盖、人口密度、职住用地比例4项二级指标（图2-25）。

1.《北京城市总体规划（2016年—2035年）》第二节　加强老城整体保护：将核心区内具有历史价值的地区规划纳入历史文化街区保护名单，通过腾退、恢复性修建，做到应保尽保，最大限度留存有价值的历史信息。扩大历史文化街区保护范围，历史文化街区占核心区总面积的比重由现状22%提高到26%左右。

2.《首都功能核心区控制性详细规划（街区层面）（2018年—2035年）》总则第二条：《核心区控规》范围包括东城区和西城区两个行政区，共32个街道，总用地面积约92.5平方公里。老城是指明清时期北京护城河及其遗址以内（含护城河及其遗址）的区域，其中二环内占地面积62.5平方公里。

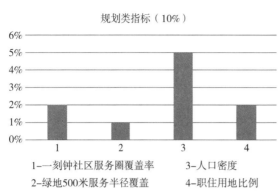

图2-25　规划类指标中的4项二级评价指标

1-一刻钟社区服务圈覆盖率　　3-人口密度
2-绿地500米服务半径覆盖　　4-职住用地比例

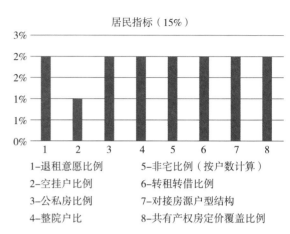

1-退租意愿比例　　　　　　5-非宅比例（按户数计算）
2-空挂户比例　　　　　　　6-转租转借比例
3-公私房比例　　　　　　　7-对接房源户型结构
4-整院户比　　　　　　　　8-共有产权房定价覆盖比例

图2-27　核心指标中的8项二级评价指标

3．经济类指标

本项指标主要测评项目的资金投入和项目的投入产出比，包括低成本拆迁面积比例[1]、租售比（市场租金/评估价）、政府注资比例、距商业区（旅游区）距离、距办公区距离5个二级指标（图2-26）。

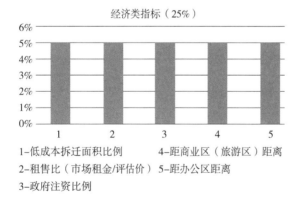

1-低成本拆迁面积比例　　　4-距商业区（旅游区）距离
2-租售比（市场租金/评估价）5-距办公区距离
3-政府注资比例

图2-26　经济类指标中的5项二级评价指标

4．居民指标

本项指标是在申请式退租过程中，申请式退租过程中不确定因素最多的一项指标，包括退租意愿比例、空挂户比例、公私房比例、整院户比、非宅比例（按户数计算）、转租转借比例、对接房源户型结构、共有产权房定价覆盖比例8项二级指标（图2-27）。

评分模型的搭建，为老城保护和城市更新项目的启动提供了科学的评价标准，为老城保护和城市更新项目启动后的预期提供了判断依据，为老城保护和城市更新项目启动后需要的配套政策及配套资源提供了参考建议。

通过以上评分决策模型，对备选片区进行系统的评估，为是否适合按照菜西模式进行老城更新的片区提供重要参考（见附录1）。

二、项目立项

2020年6月24日，西砖胡同试点项目在北京市西城区发展和改革委员会取得备案证明文件，证明文件中明确项目建设内容为：开展申请式退租、城市更新，配套设施完善等相关工作。

西砖胡同试点项目是北京市第一个以老城保护更新来立项的，也是北京市新总规正式发布以来，北京市为落实新总规进行的一个试点项目，这个项目承载着多个科目的实验任务，包括：立项、成立公司、建立专门的工作专班机制、具体实施路径、实施过程中的总结调整、资金申请、申请式退租、申请式改善、恢复性修建、公共空间提升、市政设施改造、城市资产运营、胡同平房区物业管理、配套政策等。在这个过程中参与的各方以新总规为纲领，秉承务实的态度，扎扎实实地进行实践，边干边摸索、边干边总结。

1．低成本拆迁面积比例主要是针对拆迁遗留项目的专项指标，在拆迁阶段腾图的房屋面积比例越大，对后期的城市资产运营越有利。

三、实施方案制定

老城保护和城市更新项目是一个复杂的系统性工作，鉴于目前没有成熟的模式可供参考，详细、具备可操作性的实施方案的制定，可以有效地减少实施过程中的不确定性，确保试点项目的顺利实施。

首先，需要制定详细的工作组织架构，包括人员安排，职责分工；其次，在资金筹措、申请式退租、申请式改善、恢复性修建、公共空间环境提升、城市资产运营、物业管理七个工作模块中制定详细的实施计划，实施计划内容包括：背景、总体目标、时间计划、工作内容、工作流程、决策程序、资金保障、组织机构、管理制度、预期风险及管控措施；最后，建立项目事前评估和事后总结的动态复盘机制，随时调整老城保护和城市更新模式的动态模型。

四、资金筹措

老城保护和城市更新项目资金投入密度非常大，根据测算西砖胡同试点项目按照预定目标完成城市更新后，资金总投入大约在25亿左右（不包括今后申请式退租长效机制建立后，后续的资金投入），资金投入密度大约4亿/公顷。在资金投入密度巨大的同时，由于政策限制，保护更新项目的资金回收能力在逐渐下降，2017年9月底批复的《北京城市总体规划（2016年—2035年）》明确，要进一步疏解非首都功能，切实把人口、建筑、商业、旅游"四个密度"降下来。在"双控四降"的背景下，什刹海酒吧街、南锣鼓巷、五道营胡同等，以商业业态为主的老城资产运营模式不再适合新的老城保护更新项目，老城保护和城市更新项目整理出的平房资产，将逐渐回归居住属性。老城保护和城市更新项目的资金平衡时间拉长，财政投资比例增大，为实现老城保护和城市更新

项目的资金平衡，须多方筹措资金。

老城保护和城市更新项目的资金来源主要有政府财政配套资金、企业自筹资金、银行专项贷款、社会资金。实施主体需要积极灵活的通过各种渠道筹措资金，合理利用老城保护和城市更新配套的一系列优惠政策，来实现项目整体的资金平衡。

2020年发布实施《首都功能核心区控制性详细规划（街区层面）》（2018年-2035年）对老城保护和城市更新项目资金的筹措方式和配套政策，做了总体的规划部署，其中第44条明确：创新平房区存量更新机制，利用市场手段和社会力量参与保护更新。建立与平房院落更新、运营、维护相匹配的政策机制。建立公房租金动态调整机制，同时对低收入家庭租金减免。直管公房腾退后作为经营性房屋使用的，由租赁双方按照市场化租金协商议定租金价格。允许经营权质押，在土地房屋用途变更、小微环境改善等方面提供政策便利，吸引社会资本进入。

资金的筹措方式、使用方式、资金的平衡、项目的投资密度、哪些需要财政直投，哪些需要企业自筹，财政和企业自筹自建的占比是多少，是西砖胡同试点项目试点探索的重要内容之一。

五、申请式退租

根据西砖胡同危改遗留项目的现实情况，结合2017年批复实施的新版北京城市总体规划对恢复性修建的明确要求，金恒丰公司创造性地提出了将危改遗留项目调整为保护更新项目。（图2-28、图2-29）项目的调整目的有以下几个方面：

（1）落实新总规，延缓老城文化的衰退，维持老城传统文化的延续性；

图2-28 申请式退租办公室揭牌——资料来源：李楠拍摄

图2-29 申请式退租启动仪式——资料来源：李楠拍摄

（2）为危改遗留项目做收尾；

（3）为有意愿进行异地改善的居民提供一个改善居住环境的通道；

（4）探索老城保护更新的长效机制，充分尊重居民意愿的前提下，提升人居环境；

（5）探索财政可承受的，能够实现资金平衡的老城保护和城市更新模式。

在总结西砖胡同片区申请式退租经验的基础上，《首都功能核心区控制性详细规划（街区层面）（2018年–2035年）》[1]第44条明确要求：加强平房区公房产权管理，有序推进申请式退租。

菜西片区申请式退租的计划安排如图2-30

所示。

1. 前期准备

试点项目的前期准备工作主要有五部分：

（1）对片区内居民情况逐一进行入户摸底、退租政策宣传；

（2）聘请专业的咨询公司对房屋价格评估；

（3）搭建申请式退租各级工作组织架构，并对申请式退租全流程进行模拟推演；

（4）准备配套共有产权房及公租房房源；

（5）制定详细的工作计划安排。

西砖胡同试点项目从2019年3月份开始进行前期准备，到6月份开始现场办公，在前期做了

1.《首都功能核心区控制性详细规划（街区层面）（2018年–2035年）》规划实施要点43-1有序推进平房区申请式改善：推进"共生院"（建筑共生、居民共生何文化共生）模式，探索多元改善平房区人居环境的路径，留驻老街坊，延续街区历史记忆。以雨儿胡同、菜市口西为试点，结合申请式退租政策，在部分居民自愿腾退、平移后，拆除违章搭建，合理利用腾退房改善留驻居民住房和基础设施条件。在民生改善的基础上，可适度引入文化关联业态，促进社区融合，同时加强困难居民针对性改善，实现历史文化街区民生改善和活力复兴。

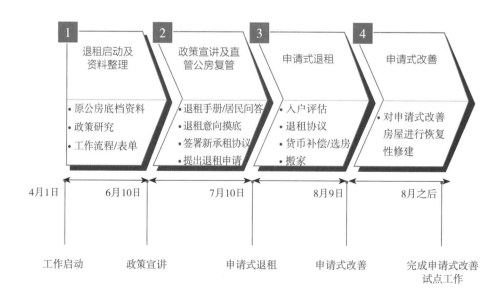

图2-30 申请式退租工作计划

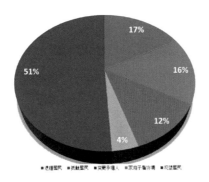

充分的准备工作（图2-31）。

2．退租流程

（1）退租申请。有退租意向的居民填写《退租申请表》。

（2）申请人资格审核。退租申请人提交安置房申请人及家庭信息，政府相关部门对安置房申请人的资格进行审核。

（3）承租关系解除。退租申请人持《北京市公有住宅租赁合同》、本人身份证明等材料申请办理承租关系解除手续，实施主体受理后进

项目启动时，工作组对390户直管公房居民意向统计如下

菜市口西片区申请式退租项目居民意愿调查统计表

菜市口西片区申请式退租项目总共390户

◆ 目前预计退租67户

◆ 抵触退租项目62户

◆ 变更承租人或变更购房人后预计可退租45户

◆ 家庭不属需协调17户

◆ 观望中的居民199户

17%　16%　12%　4%　51%

■退租居民　■抵触居民　■变更承租人　■家庭不属协调　■观望居民

结论：通过政策宣讲和5次居民座谈会，居民退租比例有所提高

（a）退租意愿调查

■ 6月10日起开始办理区属直管公房复管手续

■ 6月10日-7月9日为政策宣讲期

■ 7月10日-8月9日为申请式退租集中签约期

（b）房产评估

（c）致居民的一封信

图2-31　西砖胡同试点

行审核。

（4）补偿协议签订。退租申请人在提出退租申请之日起2个月内签订《西砖胡同老城保护和城市更新项目补偿协议》。

（5）选房。实施主体按照签署《补偿协议》时间先后顺序组织选房。

（6）审批。《补偿协议》完成审核及审批并盖章生效；选房结果上报政府相关部门审批（备案）。

（7）私房过户。腾退申请人配合实施主体办理腾退房屋的产权过户手续，并按照现行法律法规各自承担过户税费。

（8）搬家腾房。退租申请人将房屋（含自建房）腾空，并将营业执照迁出或注销后，交付给实施主体，签领《房屋交接验收确认单》。

（9）领款。退租申请人领取协议和货币补偿款，并签署领款凭证；安置房签约，房源申请人自行前往安置房持有单位进行房源签约（图2-32）。

3. 申请式退租情况

2019年6月10日，西砖胡同试点项目作为全市首例直管公房申请式退租试点项目正式启动。项目内共有产籍居民728户，其中直管公房390户、私房289户、单位自管产40户、军产9户。

2019年7月10日正式启动签约，至2019年8月9日签约截止，片区内728户居民中，主动提出退租申请居民275户（公房234户、私房41户），片区退租申请总的比例为38%。其中直管

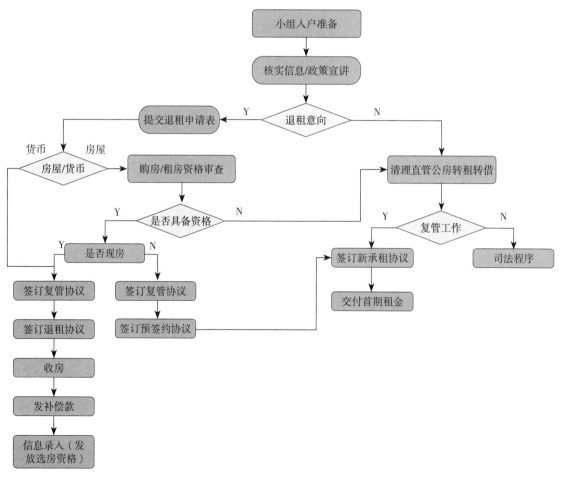

图2-32　申请式退租工作流程

公房退租占比为60%，私房占比为14.1%。

275户申请退租居民中，选择共有产权房的124户，占比45.1%，选择货币安置的149户，占比54.2%，申请公租房的4户（其中2户同时申请共有产权房和公租房），占比1.7%。

275户申请退租居民中，户均建筑面积20平方米以上的109户，占比40.2%；户均建筑面积15~20平方米的93户，占比34.1%；户均建筑面积10~15平方米（含10平方米以下）共73户，占比25.6%。从结果看，户均建筑面积大于15平方米以上居民退租比例更高，意愿也更强烈。

275户申请退租居民中，产、承人年龄在60岁以下的占25%，60~85岁的占70%，85岁以上的占5%；退租总人口数约1000人。

4. 居民参与申请式退租原因分析

（1）房屋长期空置，居民有变现需求，占60%；

（2）居民期盼住进楼房，改善生活环境，占30%；

（3）项目启动前对直管公房转租转借现象进行治理，多次做居民清理租户的工作，项目启动后这部分居民基本都签约退租，占10%。

（4）拆迁遗留多年的片区房屋比较陈旧，有些院内居民拆迁搬走后，部分房屋进行拆除，形成了残垣断壁、渣土堆积，地面坑洼不平，导致院内居民的生活环境较差；

（5）合顺家园安置房具有较强的优势，合顺家园为现房，比北京市现有的共有产权房的位置离中心城区更近，交通方便，房价合理。

（6）工作人员具有丰富的与居民沟通的经验，工作人员大力宣讲政策，积极入户与居民沟通，动员居民办理复管、退租；

（7）建立每天召开例会机制，将遇到的问题汇总，商讨解决办法，专班会及指挥部能够及时给出指导意见及解决方案。在西砖胡同试点过程中，建立了区级专班（大专班）和指挥部专班（小专班）每周例会制度，由主管副区长牵头，16个相关部门参与，每周调度项目推进过程中需协调的重要事项。大小专班工作各有侧重，在公司注册、重新立项、资金落实、房源调配、退租政策、舆情控制等方面都发挥了重要作用，是西砖胡同试点项目顺利推动的重要保障。

5. 居民未参与申请式退租原因分析

（1）直管公房未申请退租的原因：

1）25%左右居民，由于公房管理规定，推举不出新的承租人，不能办理退租。

2）20%左右居民，由于家庭矛盾，推举不出新的承租人。

3）15%左右居民，由于本次退租不涉及户口，政策方向没有明确，孙辈在附近上学，需要保留西城户口。一般祖孙两代在此居住，年轻夫妇在附近租房。

4）15%左右居民，房屋转租转借或空置。

5）10%左右居民，房屋空置多年，无法联系到承租人。

6）15%左右居民，想在片区附近买房，退租补偿费用没有达到预期。

（2）私房未申请退租的原因：

1）30%左右居民，长时间在此居住，对菜西片区有情结，在区外有房，不想失去上一辈传下来的家产。

2）20%左右居民，由于本次退租不涉及户口，政策方向没有明确，孙辈在附近上学，需要保留西城户口。

3）20%左右居民，由于家庭矛盾，形成不了统一意见。

4）15%左右居民，房屋出租。

5）15%左右居民，退租补偿费用没有达到预期。

（3）自管公房未申请退租的原因：

1）原房屋管理单位倒闭，联系不到。

2）单位不同意将自管公房变更为直管公房。

6. 申请式退租经验总结

西砖胡同试点项目申请式退租政策出台后，不仅在菜西片区内引发了居民强烈的反响，在老城平房区都引发了强烈的反响。经过一段时间的宣传，相关权益人逐渐意识到新总规形势下政策的变化，慢慢对核心区平房区走老城保护和城市更新的趋势有了正确的认识，而使试点项目取得了远超预期的显著成效。

西砖胡同试点项目在申请式退租阶段，共调拨房源700套。其中西城区调配丰台南苑合顺家园共有产权房源300套，北京市调配房山阎村镇共有产权房200套、通州台湖镇公租房200套，选择对接共有产权房的居民100%选择了合顺家园。合顺家园位置优越、价格合理以及现房状态，此类稀缺的优质房源是试点项目申请式退租项目取得成功的重要因素。在退租过程中，通过与片区内参与退租的居民的交流，可以感受到居民对房源的位置极为关注，大部分居民不愿意远离城市核心区。相对于共有产权房持有比例而言，居民对房源价格更为关注，共有产权房的封闭运行机制，从根本上杜绝了居民炒房的动机。

西砖胡同试点项目在申请式退租阶段原计划设定了两个熔断点，一是设定退租比例，申请式退租申请比例达到设定值后，本次申请式退租即停止。在2020年启动大栅栏观音寺片区的老城保护更新项目，申请式退租的比例高达60%，退租意愿远超预期，给预先设定的配套房源和资金平衡方案都带来巨大的挑战，只能根据实际情况进行动态调整，由此可见设立这一熔断条件是非常必要的。二是设定退租结束时间。在项目启动之初，就明确项目结束时间。

如果居民没有在规定时间内提出退租申请，则会失去本次退租机会。这一工作机制的尝试，从西砖胡同试点项目的实际效果看，彻底改变了以往拆迁腾退项目中，居民主动、政府被动的局面，实施主体在项目中可以主动控制工作节奏，特别是在退租申请结束前，主动申请退租人数增多，在退租过程中，根据每天统计数据分析，退租申请人数呈现出"两头高、中间低"的态势，说明有部分退租意愿迫切的居民，从一开始就明确了退租意向，而结束前申请人数增多，则是熔断机制带来的效果。在后续申请式退租项目启动时，坚持有时间和名额限制的退租机制是非常有必要的。

西砖胡同试点项目的工作专班制度，是试点项目得以顺利开展的另外一个重要因素。试点项目建立了区级层面工作专班、指挥部层级工作专班、实施主体层级工作专班，并制定了工作专班每周例会工作机制，该机制在项目开展过程中发挥了重要作用，协调解决了项目推进过程中各类政策制定、工作节奏把控、特殊户审议、规划定位、经营方案、资金及房源协调等重要事项，是项目成功的有力保障。对项目工作专班工作机制及专班所发挥的高效的协调作用进行总结，可以在后续推进的老城保护和城市更新项目的制度建设上有所帮助。

六、申请式改善

基于共生模式的申请式改善，是为改善留驻居民住房条件建立的长效机制，申请式退租是针对具有异地改善或使用权变现意愿的居民的一个通道，对退租居民限制条件小，有退租意愿的居民都可以实现异地改善。居民退租之后形成了大量的共生院落，给后期的环境改善、资产运营、物业管理带来了挑战，需要在申请式改善退租结束后结合申请式改善，逐步推进共生院内留驻居民居住环境的改善，实现"老胡同，现代生活"的顶层设计。

申请式改善是留驻居民实现在地改善的一个路径，是西砖胡同试点项目中重要的一环，是延续老城传统文化、逐步恢复老城传统风貌、提升市政基础设施、实现项目可持续经营、形成可复制的城市更新模式的重要支撑。

西砖胡同试点项目完成申请式退租后，留驻居民453户，户均居住面积在15平方米（1间房）以下占留驻居民的43.6%，户均居住面积在20平方米以下占留驻居民的68.4%。留驻居民居住条件艰苦，房屋面积小，迫切需要增加居住面积。

1. 申请式改善原则

在西砖胡同试点项目中，申请式改善遵循"居民自愿、整院实施、一户一册、居民自费、适度改善"的原则。实施主体提供了三种改善模式，六个改善菜单，供有不同需求的留驻居民选择。实施主体参照申请式退租的成功经验，建立了完善的工作组织和工作机制，设立了申

请式改善办公室，配置具有专业技术知识的设计师，随时解答居民的技术咨询，并根据居民反映的情况，适时调整、优化改善菜单（图2-33）。

2. 申请式改善模式和改善菜单[1]

申请式改善分为基础型、平层型和浅下洼型三种改善模式，三种改善模式细分了六个改善菜单，在申请式改善窗口期，居民可以根据自身需要，选择适合自己的改善模式和改善菜单，进行针对性的咨询，确定有改善意向并初步判断具备改善条件后，实施主体再组织专业设计师和施工单位针对性地制定实施方案（图2-34、图2-35）。

（1）基础型改善模式

改善原则：居民拆除自建、违建，恢复原有院落格局；对建筑主体进行修缮，不改变建筑外轮廓、建筑高度，不增加建筑面积；居民承担全部改善费用并按时缴纳公房房租；申请人需征得院内其他居民同意（表2-3，表2-4）。

1. 申请式改善菜单详见附表2

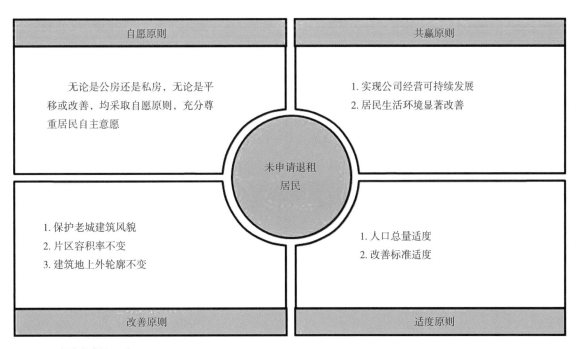

图2-33　申请式改善原则

图2-34　申请式改善手册和改善菜单

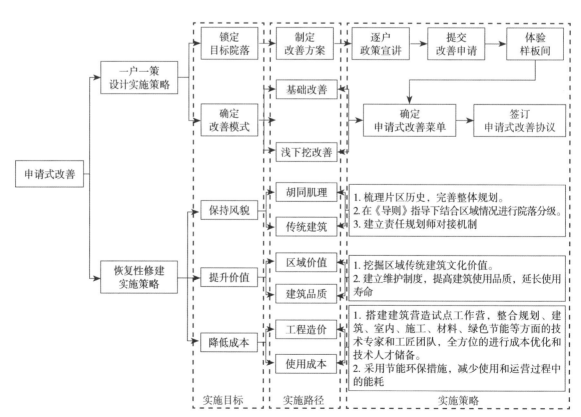

图2-35　申请式改善工作框架

基础型改善模式改善菜单-1　表2-3

前置条件	改善情况	设计配置标准
1.居民需拆除自建、违建；2.户内净尺寸大于2.2米×4.2米	1.不落架，仅对维护结构进行修缮；2.公共区域配置独立厨房模块；3.院内公共厕所	1.起居模块：（1）双人沙发；（2）折叠餐桌；（3）冰箱；2.卧室模块：（1）1.5米双人床；（2）衣帽柜

基础型改善模式改善菜单-2　表2-4

前置条件	改善情况	设计配置标准
1.居民需拆除自建、违建；2.户内净尺寸大于2.5米×4.2米	1.不落架，仅对维护结构进行重建或修缮；2.在户内配置厨房模块；3.院内公共厕所	1.起居模块：（1）双人沙发；（2）折叠餐桌；（3）书桌；（4）冰箱；2.卧室模块：（1）1.5米双人床；（2）衣帽柜；（3）床头柜；3.厨房模块：（1）洗菜盆（单）；（2）不锈钢切台；（3）灶具（可用燃气）

（2）平层型改善模式

改善原则：居民拆除自建、违建，恢复原有院落格局；对建筑主体进行修缮或翻建，不改变建筑外轮廓、建筑高度，不增加建筑面积；室内按照居住功能进行成套化改造；居民承担全部改善费用并按时缴纳公房房租；申请人需征得院内其他居民同意（表2-5、表2-6）。

平层型改善模式改善菜单-1　表2-5

前置条件	改善情况	设计配置标准
1.居民需拆除自建、违建；2.户内净尺寸大于3.4米×4.2米	1.不落架，仅对维护结构进行重建或修缮；2.在户内配置厨房模块；3.户内配置卫浴模块	1.起居模块：（1）双人沙发；（2）折叠餐桌；（3）书桌；（4）冰箱；2.卧室模块：（1）1.5米双人床；（2）衣帽柜；（3）床头柜；3.厨房模块：（1）洗菜盆（单）；（2）不锈钢切台；（3）灶具（可用燃气）；4.卫生间模块：（1）坐便器；（2）淋浴喷头；（3）洗衣机

平层型改善模式改善菜单-2　表2-6

前置条件	改善情况	设计配置标准
1.居民需拆除自建、违建；2.户内净尺寸大于3.4米×4.2米	1.拆除后，恢复性修缮；2.在户内配置厨房模块；3.户内配置卫浴模块	1.起居模块：（1）双人沙发；（2）折叠餐桌；（3）书桌；（4）冰箱；2.卧室模块：（1）1.5米双人床；（2）衣帽柜；（3）床头柜；3.厨房模块：（1）洗菜盆（单）；（2）不锈钢切台；（3）灶具（可用燃气）；4.卫生间模块：（1）坐便器；（2）淋浴喷头；（3）洗衣机

（3）浅下挖型改善模式

改善原则：居民拆除自建、违建，恢复原有院落格局；对建筑主体进行翻建，不改变建筑外轮廓、建筑高度，不增加建筑面积，增加使用面积；室内按照居住功能进行成套化改造；居民承担全部改善费用并按时缴纳公房房租；申请人需征得院内其他居民同意（表2-7、表2-8）。

浅下挖型改善模式改善菜单-1　表2-7

前置条件	改善情况	设计配置标准
1.居民需拆除自建、违建；2.户内净尺寸大于3.4米×3.3米；3.院公共厕所	1.厨房、起居室安置于首层；2.卧室安置LOFT层；3.院公共厕所	1.起居模块：（1）双人沙发（床）；（2）折叠餐桌；（3）书桌；（4）冰箱；2.卧室模块：（1）1.5米双人床；（2）衣帽柜；（3）床头柜；3.厨房模块：（1）洗菜盆（单）；（2）不锈钢切台；（3）灶具（不可用燃气）

浅下挖型改善模式改善菜单-2　表2-8

前置条件	改善情况	设计配置标准
1.居民需拆除自建、违建；2.户内净尺寸大于3.4米×3.3米	1.厨房、卫生间起居室安置于首层；2.卧室安置LOFT层。	1.起居模块：（1）双人沙发（床）；（2）折叠餐桌；（3）书桌；（4）冰箱；2.卧室模块：（1）1.5米双人床；（2）衣帽柜；（3）床头柜；3.厨房模块：（1）洗菜盆（单）；（2）不锈钢切台；（3）灶具；（不可用燃气）；4.卫生间模块：（1）坐便器；（2）淋浴喷头；（3）洗衣机

3. 申请式改善流程

（1）直管公房改善流程（图2-36）：

1）改善申请。有改善意向的居民填写《改善申请表》（见附录4）。

2）条件审核。改善申请人提交房屋信息和改造诉求，实施主体对改善申请人所在院落情况进行审核，明确该院落是否具备改造条件。

3）征求意见。在院落具备改善条件的前提下，由实施主体向院内居民进行申请式改善政策宣讲并征求居民改善意愿，如整院居民（或具备修缮条件的独栋房屋）全部同意改善（需

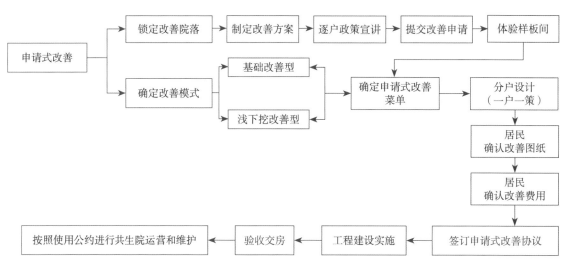

图2-36　直管公房申请式改善流程

填写《改善申请表》），实施主体则启动相关设计工作。

4）方案设计。由实施主体负责院落整体改造设计，设计完成后征求院内居民意见，方案完善后由院内全体居民签字确认。

5）菜单选择。由申请改善居民根据实施主体提供的改善菜单，结合自身实际情况，自主选择适合自家的改善菜单，签字确认后由实施主体启动室内设计。

6）确认方案。室内设计完成后，实施主体需征求居民意见，居民确认方案和改造成本后方可开展后续工作。

7）签订协议。在居民确认改善方案后，需与实施主体签订《房屋改善协议》，明确费用缴纳方式和施工周期。

8）改善施工。居民与实施主体签订改善协议后，需在施工期间自行安排周转，施工期间居民可以提出方案变更要求，但需额外缴纳相关费用。

9）房屋验收。施工结束后，在房屋交付前实施主体接受居民验收，对居民反馈意见及时完善，居民确认后需签署《房屋验收表》。

10）缴纳费用。如居民选择一次性缴纳费

用，应在签署《房屋验收表》后5个工作日内向实施主体缴纳改造费用。

（2）私房改善流程（图2-37）：

1）改善申请。有改善意向的居民填写《改善申请表》（见附录4）。

2）条件审核。改善申请人提交房屋信息和改造诉求，实施主体对改善申请人所在院落情况进行审核，明确该院落是否具备改造条件。

3）征求意见。在院落具备改善条件的前提下，由实施主体向院内居民进行申请式改善政策宣讲并征求居民改善意愿，如整院居民（或具备修缮条件的独栋房屋）全部同意改善（需填写《改善申请表》），实施主体则启动相关设计工作。

4）居民到规划审批部门提出申请。

5）提供正式的房屋测绘报告。

6）审批部门到现场核实房屋情况。

7）同墙共脊房屋修缮应征得相关利益居民同意。

8）申请人及同墙共脊居民共同到窗口签署协议。

9）核发规划许可证。

10）方案设计。由实施主体负责院落整体

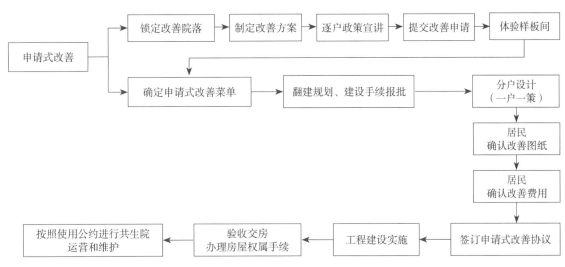

图2-37　私房申请式改善流程

改造设计，设计完成后征求院内居民意见，方案完善后由院内全体居民签字确认。

11）菜单选择。由申请改善居民根据实施主体提供的改善菜单，结合自身实际情况，自主选择适合自家的改善菜单，签字确认后由实施主体启动室内设计。

12）确认方案。室内设计完成后，实施主体需征求居民意见，居民确认方案和改造成本后方可开展后续工作。

13）房屋拆除后，委托测绘单位核验"灰线"。

14）改善施工。居民与实施主体签订改善协议后，需在施工期间自行安排周转，施工期间居民可以提出变更申请，但需额外缴纳相关费用。

15）房屋验收。施工结束后，实施主体应接受居民验收，对居民反馈意见应及时完善，

居民确认后需签署《房屋验收表》。

16）缴纳费用。如居民选择一次性缴纳费用，应在签署《房屋验收表》后5个工作日内向实施主体缴纳改造费用。

17）房屋竣工后，相关审批人员到现场核验房屋。

18）取得核验意见后，房主到不动产登记大厅办理房本变更及土地出让金等相关手续。

（3）其他产别改善流程

其他产别房屋改善流程，结合规划和建设部门的相关政策，可以参考直管公房或私房改善流程进行申请式改善。

4．申请式改善情况分析

经过申请式退租，西砖胡同片区现有留驻居民453户，其中：直管公房156户，私房248户，自管公房40户，军产9户（见表2-9）。

留驻居民居住情况统计　　　　　　　　　　　　　　　　　　　　　　　　　　　　　　表2-9

	10平方米以下		10-15平方米		15-20平方米		20-30平方米		30平方米以上		合计户数
	户数	比例	户数	比例	户数	比例	户数	比例	户数	比例	
直管公房	4	2.5%	56	35.9%	34	21.8%	37	23.7%	25	16.0%	156
私房	26	10.5%	97	39.3%	63	25.5%	32	17.0%	29	14.6%	247
自管公房	—	—	10	4.0%	13	5.3%	10	25.0%	7	17.5%	40
合计	30	6.8%	163	36.8%	110	24.8%	79	17.8%	61	13.8%	443

2019年是申请式改善元年，1个月的改善窗口期，共收到书面改善申请4份、口头改善申请1份，包括直管公房、单位自管公房、私房等多种房屋类型。收到的改善申请中，私房2户，一户计划改善后作为临时住房使用（老年）；一户是孩子（第三代）在附近上学，计划改善后常住（祖孙3代）。自管公房2户，一户在附近上班，仅工作日使用（夫妻2人，青年）；一户目前空置，改善后使用情况未知（中年）。单位自管产1户，目前和孩子同住，计划改善后搬回菜西常住（夫妻2人，中老年）。

2020年1月到8月期间，累计收到8份居民《改善申请表》，目前已完成4户房屋主体改善施工并陆续交付居民。

2020年8月24日～9月20日，为2020年度的申请式改善窗口期，期间累计收到34份《改善申请表》，其中11份为直管公房居民申请，23份为私房居民申请。

2020年受新型冠状病毒疫情影响停滞的申请式改善工作，在5月1日之后重新展开，在仅半个月的时间里陆续与西砖胡同15号院、醋章胡同39号院、法源寺后街7号院的5户改善居民签订了三方协议（实施主体、施工总包单位、居民）。2020年底，5户居民陆续入住新房，彻底改善了环境。在这5户居民申请式改善中，有不增加使用面积，不改变基本格局的基础型改善，也有增加阁楼，室内地面适度下挖的舒适型改善。

5. 申请式改善经验总结

在与居民沟通的过程中发现，居民自建房的拆除和改善费用是申请式改善最终能否能够顺利实施的两个关键要素。

基于共生模式的申请式改善，实施主体和居民的诉求既矛盾也统一，实施主体根据顶层规划设计，需要逐渐拆除自建房，这是改善院

落基础设施、提升景观环境、提高院落经济价值的基础，居民的诉求是改善居住条件，不减小居住面积，改善费用在可承受的范围内。

平房区是中国特定时期住房制度遗留的问题，房屋产权、使用权和收益权分离，属地政府拥有房屋产权，居民拥有使用权的没有经营权，但又享有房屋拆迁后的收益权，权属的复杂性增加了实施主体通过经营手段进行整合的难度。再加上医疗和教育资源分布的不均衡，平房区所在区域有较好的医疗和教育资源，是世代居住于此的居民不愿意的原因。

申请式改善必须坚持长期主义，渐进式推进，建立长效的异地和在地改善的制度，简化产权、使用权和收益权的关系，结合不断改革的学区房制度，通过渐进式、微循环的策略，最终实现居住环境的改善。

基于共生模式的申请式改善资金，需要财政、实施主体、承租居民共同筹措，在这个工作中要兼具原则和灵活性，充分考虑各方利益。

申请式改善遵循"居民自愿、整院实施、一户一册、居民自费、适度改善"的原则。从目前接触的改善案例中分析，共生院申请式改善的推进有两种不同的动因，一种是实施主体主动，基于院落经营的需要，在拟经营院落已腾退房屋的恢复性修建过程中，由实施主体动员共生院居民进行申请式改善；另一种是不具备经营条件或暂时没有经营安排的居民，根据自身改善需求提出改善申请。

6. 申请式改善重点关注事项

申请式改善开启改善窗口期到院落交付使用的全流程中，每个环节都有需要重点关注的事项，具体如下（图2-38～图2-40）：

（1）私房的建设审批流程在规划和建设部门有明确的路径，按照规定私房是一户一审批。由于项目小，而且居民没有报批规划建设手续

图2-38　醋章胡同39号院改善方案沟通——资料来源：李楠拍摄

图2-39　法源寺后街19号院改善方案沟通——资料来源：李楠拍摄

图2-40　改善居民座谈会

的经验，在报批过程中会因为资料不齐备造成多次往复，不仅占用自己的时间，也造成了公共资源的浪费。在西砖胡同试点项目退租过程中，规划部门特事特办，给申请式退租设立办事专员，而在涉及老城留驻居民的申请式改善的房屋翻建，规划和建设主管部门也在考虑如何简化办事流程、缩短居民报审时间、提高办事效率。

（2）在申请式改善窗口期，申请式改善实行首问负责制，接待人员主动评价申请者是否具备改善条件，避免给居民造成误会。申请式改善窗口期时长和改善名额要合理控制，要循序渐进，稳步推进。

（3）在申请式改善设计阶段，设计单位及设计师的选择和工作模式需要不断的探索，目前实行的是实施主体加设计单位的设计工作模式，是可持续、可推广的工作模式。

实施主体的建筑师对片区的情况非常熟悉，与居民沟通比较顺畅，由实施主体建筑师根据居民的诉求完成设计方案草图，再由设计单位设计师进行深化设计。

在改善方案沟通过程中，阁楼的高度、楼梯、厨房、卫生间的解决是设计难点，申请式改善居民的家庭情况、使用诉求各不相同，必须做到一户一策、一户一设计，并且改善费用往往决定着改善是否能够顺利进行，设计师要能够在胡同中沉下来，要能够理解居民的迫切需求，通过在地设计既要兼顾居民的生活习惯，又要改善和提升建筑风貌和居民生活环境。设计师还须兼具沟通、协调、建筑设计、室内设计、结构、水、暖、电、改善政策等各方面的知识，并且需要有一定的决策权和决策能力，才能顺利的与居民确定改善方案。

（4）在申请式改善院落施工阶段，需要根据方案由施工总包单位进行报价，这是影响申请式改善能否能够顺利进行的另外一个关键因素。施工过程中要严格按照图纸施工，同时注意楼梯、厨卫等细节的控制。

（5）在申请式改善院落运营和使用阶段，改善完成后共生院的经营和管理需要持续投入，实施主体需要建立系统的共生院使用公约并进行维护。基于共生模式的申请式改善需要做到运营管理全过程的把控，并且在实践中检验每一个环节。在后期物业管理中需要在房屋交付时签署院落使用公约，约定院落使用的规则，避免出现乱堆杂物、重新私搭自建房，并为院落居民解决自行车停放，衣物晾晒等问题。（图2-41）

在改善过程中，结合已腾退散房和在地居民的申请式改善，探索新四合院居住模式，这些经过恢复性修建的四合院，既有按照居民意愿改造完成的自住房，也有进行成套化改造的青年公寓，还有小型创业公司的办公室。院落内部的公共空间归院落内部新老居民使用，由实施单位委托的第三方物业统一进行维护和管理。

图2-41　共生院内的晾衣杆 ——资料来源：李楠拍摄

七、恢复性修建

恢复性修建是指北京老城历史文化街区、风貌协调区及其他成片传统平房区内非文物建筑的普通房屋，在梳理胡同、院落、房屋历史脉络、历史信息建立院落档案的基础上，通过重建、整体翻建或局部修缮的方式，延续建筑及其所承载的历史信息的生命，最终实现老城风貌的整体保护和可持续的建筑营造模式。

非文物建筑的恢复性修建与文物建筑的修缮最大的区别是，恢复性修建是针对所有非文物传统建筑所采取的措施，通过修缮、翻建或重建，使建筑恢复至具有历史意义的某个时期的风貌（表2-10）。

西砖胡同试点项目走上恢复性修建的道路经历了三个阶段：

第一阶段是2017年至2018年11月，以织补复建为主的恢复性修建的初级阶段，在这一阶段，实施主体和设计单位都没有意识到恢复性修建对于恢复老城传统风貌、延续老城传统建筑文化、维持四合院形式多样性的重要性，只是在建筑格局、建筑形式、建筑面积上做到了恢复，忽略了四合院多样性和地域特点（图2-42）。

第二阶段是2018年12月至2019年7月，恢复性修建的发展完善阶段，2018年的织补复建，在北京老城内的同类项目中引起广泛关注，市区两级政府非常重视，经过多次调查研究将项目确定为老城保护和城市更新试点项目，同时2017年9月底发布的《北京城市总体规划（2016年—2035年）》第57条坚持整体保护十重点中的第六个重点：保护北京特有的胡同四合院传统建筑形态，老城内不再拆除胡同四合院，将核心区内具有历史价值的地区规划纳入历史文化街区保护名单，通过腾退、恢复性修建，做到应保尽保，最大限度留存有价值的历史信息。扩大历史文化街区保护范围，历史文化街区占核心区总面积的比重由现状22%提高到26%左右。将13片具有突出历史和文化价值的重点地段作为文化精华区，强化文化展示与传承。进

菜市口西片历史文化街区老城保护和更新试点项目院落一览表　　　　表2-10

院落分类	修缮类		恢复性修建类		修缮+恢复性修建类		
	文物修缮	普通修缮	整院翻建	共生院翻建	翻建+修缮	修缮+翻建	
典型院落	法源寺后街3号	西砖胡同48号	西砖胡同19号（南院）	西砖胡同10号	醋章胡同36号	醋章胡同39号	醋章胡同甲25号
	法源寺后街5号	门楼巷11号	醋章胡同31号	培育胡同14号	西砖胡同44号	西砖胡同15号	培育胡同3号
		法源寺后街23号		法源寺后街7号			
适用院落	永庆胡同37号	醋章胡同23号	培育胡同甲2号院	培育胡同16号	西砖胡同1号院	广安门内大街114号	广安门内大街106号
	教子胡同18号	门楼巷9号	培育胡同18号院	法源寺后街15号	西砖胡同10号院	安门内大街76号	西砖胡同3号
	法源寺后街1号（已实施）	门楼巷14号	培育胡同22号院	法源寺后街17号	培育胡同16号院	西砖胡同21号	醋章胡同30号
		门楼巷33号	西砖胡同21号院	醋章胡同29号	法源寺后街15号院	醋章胡同34号	西砖胡同6号
		法源寺后街9号	西砖胡同11号院	门楼巷2号	醋章胡同29号院	醋章胡同32号	西砖胡同9号
		法源寺后街11号	西砖胡同34号院	门楼巷7号	门楼巷2号院	永庆胡同19号	西砖胡同甲7号
		法源寺后街21号	法源寺后街3号院	门楼巷12号	门楼巷7号院	西砖胡同28号	西砖胡同5号
		法源寺后街27号	法源寺后街4号院	教子胡同20号	门楼巷12号院	法源寺后街6号	西砖胡同18号
		西砖胡同9号	法源寺后街5号院	西砖胡同44号	教子胡同20号院	西砖胡同21号	西砖胡同32号
		西砖胡同20号	醋章胡同27号院	醋章胡同甲31号	醋章胡同甲31号院	培育胡同6号	西砖胡同30号
		西砖胡同38号	醋章胡同31号院	醋章胡同40号	醋章胡同40号院	培育胡同10号	西砖胡同22号
		西砖胡同40号	教子胡同4号院	门楼巷4号	门楼巷4号	培育胡同12号旁门	西砖胡同24号
		西砖胡同46号	法源寺后街17号院	培育胡同7号	培育胡同6号院	培育胡同14号	西砖胡同甲28号
		西砖胡同50号	法源寺后街23号院	醋章胡同39号	培育胡同7号院	法源寺后街13号	西砖胡同36号
		永庆胡同11号		培育胡同14号	广安门内大街92号	法源寺后街15号	西砖胡同26号
		醋章胡同25号（已实施）			广安门内大街80号	法源寺后街19号	西砖胡同38号
		西砖胡同4号（已实施）			培育胡同13号	门楼巷25-27号	法源寺后街2号
		西砖胡同8号（已实施）			门楼巷29号	培育胡同9号	法源寺后街4号
		永庆胡同13号（已实施）			醋章胡同38号	培育胡同5号	培育胡同2号
		西砖胡同7号（已实施）			广安门内大街102号	培育胡同7号	培育胡同4号
		永庆门内大街94号（已实施）			醋章胡同27号	西砖胡同17号	教子胡同30号
		永庆门内大街90号（已实施）			广安门内大街108号	西砖胡同15号	教子胡同16号
		永庆门内大街70号（已实施）			广安门内大街100号	西砖胡同甲13号	门楼巷17号
					教子胡同甲6号旁门	法源寺后街25号	门楼巷19号
					广安门内大街98号	培育胡同20号	门楼巷23号
					莲花胡同15号		培育胡同11号
					永庆胡同15号（已实施）		门楼巷31号
					永庆胡同17号（已实施）		门楼巷13号
					门楼巷10号（已实施）		西砖胡同甲17号
							门楼巷12号

图2-42　恢复性修建后的醋章胡同25号院

一步挖掘有文化底蕴、有活力的历史场所，重新唤起对老北京的文化记忆，保持历史文化街区的生活延续性。

实施主体适时的对新总规进行了深入学习，结合当下形式认真研判，认识到了试点项目是落实新总规的重要抓手，结合2018年的织补复建的经验教训，确定西砖胡同片区房屋的更新要严格按照恢复性修建的模式进行，并叫停了一些新锐设计师正在进行的设计，在恢复性修建理念、设计单位选择、施工单位选择上都进行了重新考量（图2-43）。

第三阶段是2019年8月以后，恢复性修建的成熟阶段，在这一阶段，完善了恢复性修建的依据，总结了恢复性修建的工作流程，并逐步在陆续展开的工程建设中进行实践。

恢复性修建具体情况总结梳理如下：

1. 恢复性修建的流程（图2-44；图2-45）

（1）设计单位确定：根据西砖胡同试点项目的经验，得出老城保护更新是一个综合问题，是一个跨学科、跨专业、跨部门，涉及政治、经济、社会、建筑等多方面的问题，需要有系统的解题办法，需要选择具有综合问题解决能力的设计单位。

（2）院落档案建立：西砖胡同试点项目在每个院落的恢复性修建和恢复性修缮之前，给每个院落都建立了专属档案，档案资料分为院落的历史、院落的现在和院落的未来三部分。

院落历史部分通过深挖各个院落历史资料，捋清院落历史发展脉络。院落历史信息资料，包括影响资料、文字档案资料、老街坊口述资料等。院落现在部分要把院落现状资料，包括现场照片、居民居住情况、院落现状地形图等

图2-43　恢复性修建后的西砖胡同21号院 ——资料来源：李楠拍摄

恢复性修建实施框架

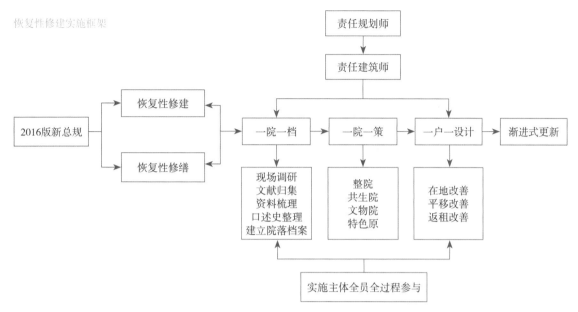

图2-44　恢复性修建实施框架

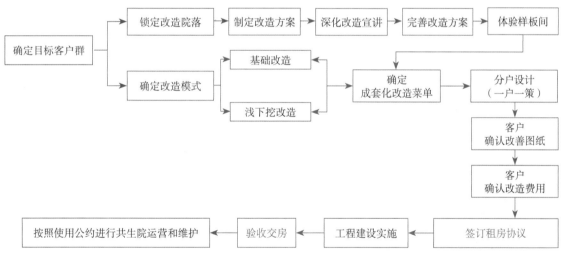

图2-45　基于经营需求的恢复性修建实施路径

收集留档。院落未来部分要把恢复性修建和修缮建筑设计方案、景观设计方案、室内设计方案等资料存档（图2-46）。

（3）制定恢复性修建方案：根据收集历史信息资料及现场的建筑遗存确定建筑规模、建筑型制，由设计单位制定设计方案。部分院落由于历史脉络中有多个重要节点，比如广安门内大街100号院，会有多个设计方案。

（4）专家评审确定恢复性修建方案：将院落历史档案和恢复性修建方案提交专家评审会审查。西砖胡同试点项目专家评审会是由西城区住房和城乡建设委员会组织的西城区土木建筑学会专家组成。专家对法源寺后街1、3、5、7号院，西砖胡同19、21号院的恢复性修建方案和修缮方案进行了审查，并根据审查意见形成最终的恢复性修建方案（图2-47）。

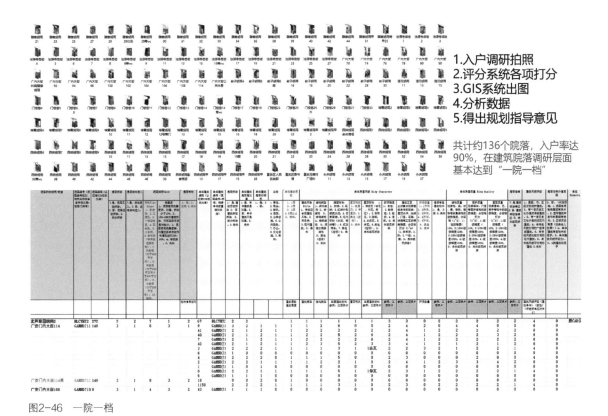

1.入户调研拍照
2.评分系统各项打分
3.GIS系统出图
4.分析数据
5.得出规划指导意见

共计约136个院落，入户率达90%，在建筑院落调研层面基本达到"一院一档"

图2-46　一院一档

图2-47　专家评审会

（5）施工单位确定：西砖胡同试点项目一期院落引入了多个施工总包单位，根据一期的建设情况，遴选有传统院落施工管理经验、古建施工人员配置齐全的施工单位继续参与后期的施工建设工作。

古建施工单位目前有两种施工总承包模式：

一种是有自家的技术管理和传统工匠班底，尤其是传统工匠，在施工过程中能够根据现场情况，对设计图纸的不足提出修改意见，对传统建筑的型制、材料和细节有非常好的把控能力，这种总包管理模式更接近传统四合院营造中的"大木厂"模式。

另一种是只有工程管理人员、技术人员和施工队伍都采取劳务外包的模式，这种模式对设计图纸和施工现场突发问题的协调处理能力有限，需要业主单位和监理单位强力的管理（图2-48）。

（6）施工过程控制：根据上述两种施工总承包的管理模式，需要业主单位及监理单位在施工过程中，对工程的每一步都做好监管，分部分项做好竣工验收。

（7）竣工交付及后期维护：对房屋适时的进行检修，可以有效的延长房屋的使用寿命和质量。菜市口西片区通过胡同物业管理引入，正在逐步尝试和完善四合院的"岁检岁修"制度。

2. 恢复性修建的实践

从2018年至今，在法源寺后街江西会馆附产涉及的院落群中，恢复性修建工作进行了实践，并取得了广泛的认可。

法源寺后街江西会馆附产涉及的院落群（图2-49）有西砖胡同19号院、法源寺后街1、3、5、7、9、11号院，培育胡同6、10、12、14号院，根据现在掌握的资料判断，在清朝、民国时期

图2-48　已完成大木施工的西砖胡同15号二进院正房

以上这些院落都是江西会馆的附产，可以证明的资料有三类：

第一类，1949年在京各地会馆馆产统一收归国有时，有非常详细的馆产档案，档案上有会馆土地的面积和房屋数量；

第二类，普通院落恢复性修建和文物院落修缮时施工现场的实际情况也印证了这个事实（图2-50、图2-51）。

第三类，院落居民的口述历史，记录普通院落历史信息的资料非常稀少，在与试点项目

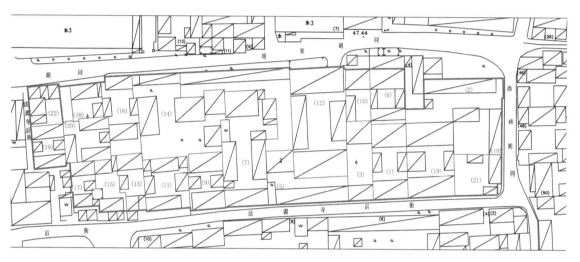

图2-49　江西会馆附产涉及的院落群

图2-50　法源寺后街1号院与西砖胡同19号院之间的联通

图2-51　法源寺后街1、3号院之间的联通

居民长期的沟通交流过程中，收集了许多有价值的信息，将这些信息加以记录和梳理，对院落的恢复性修建有非常具有参考价值。

经过近几年的恢复性修建实践，已完成法源寺后街1、3、5、7号院，西砖胡同19、21号院的恢复性修建和文物修缮工作，具体情况如下：

法源寺后街1号院：院落占地面积约为324.43平方米，建筑面积约为228.12平方米；院楼格局为：正房4间（含一间门道）、西厢房2间、东厢房2间、倒座房4间（含一间门道）（图2-52）。

法源寺后街3号院：院落占地面积约为220.06平方米，建筑面积约为107.42平方米；院楼格局为：正房3间，倒座房3间（含一间门道）（图2-53）。

法源寺后街5号院：院落占地面积约为326.12平方米，建筑面积约为247.55平方米；院楼格局为：正房二层上下各3间，倒座房7间（含一间门道）（图2-54）。

法源寺后街7号院：院落占地面积约为521.83平方米，建筑面积约为351.30平方米；院楼格局为：正房3间、西厢房5间、东厢房5间、倒座房5间，随墙门楼1座。（图2-55）

（a）修缮前

（b）修缮后入口—资料来源：李楠拍摄

（c）修缮后院落——资料来源：李楠拍摄

（d）修缮后——资料来源：李楠拍摄

图2-52　法源寺后街1号院

图2-53　法源寺后街3号院修缮中

图2-54　法源寺后街5号院修缮前

（a）残留的东山墙外侧

（b）残留的东山墙内侧

（c）修建后的内院

（d）修建后的屋顶

图2-55　法源寺后街7号院

西砖胡同19号院（南院）：院落占地面积约为375.71平方米，建筑面积约为280.12平方米；院楼格局为：正房5间、西厢房2间、东厢房2间、倒座房5间（含一间门道）。（图2-56）

砖胡同21号院：院落占地面积约为219.04平方米，建筑面积约为155.63平方米；院楼格局为：正房3间、西厢房3间、东厢房2间、倒座房3间，随墙门楼1座（图2-57）。

（a）恢复性修建中

（b）恢复性修建后

（c）恢复性修建后

图2-56　西砖胡同19号院——资料来源：李楠拍摄

（a）恢复性修建前　　　　　　　　　　　　　（b）恢复性修建后

图2-57　西砖胡同21号院

3．恢复性修建的创新

（1）通过深度解读新总规和核心区控规，建立了责任建筑师制度，在技术上规避了规划、建设审批路径不明确带来的风险；

（2）建立了"一院一档、一院一策、一院一设计"的工作机制，系统的梳理了片区内的街巷和院落的历史，深入的挖掘了历史文化内涵，借助申请式退租和恢复性修建开展了片区口述历史的资料收集工作，并以此作为开展恢复性修建方案设计和施工建设的前提，确保了设计的原真性、在地性、多样性；

（3）搭建了恢复性修建工作营，整合规划、建筑、室内、施工、材料、绿色节能等方面的技术专家和工匠团队，明确了工作理念和工作方法；

（4）建立了全员学习培训机制，强化了技术人才储备，增加了从业人员的专业知识储备，建立一岗多用，一专多能的工作机制；

（5）在施工过程中，最大限度保留原型制、采用原工艺；加强对旧材料、旧构件的分类收集、统筹管理、合理使用，对于强度不够或残损的旧材料，降级使用或用作景观装饰。

八、公共空间环境提升

北京老城传统平房区，从空间上可以划分为三个维度：一是胡同街巷空间；二是院落空间；三是建筑室内空间。

胡同街巷空间、共生院院落空间具有典型的公共属性，我们定义这两类空间为公共空间。

独立整院的院落空间和建筑室内空间具有典型的私密属性，我们定义这两类空间为私密空间。

1．公共空间提升的背景

西砖胡同试点项目自2009年拆迁停滞后长期处于失管状态，片区内房屋破损，文保建筑衰败，胡同内道路狭窄，交通混乱，垃圾成堆，与周边环境极不协调，居民居住环境亟待提升。（图2-58）

随着城市发展变迁，街巷胡同空间发展滞后给人们生活带来诸多不便，公共空间迫切需

（a）2019年菜西片区俯视

（b）2019年菜西片区俯视

图2-58　菜市口西片区

要提升改善。通过现场踏勘和民意调查发现，当前区域范围内百姓最急需解决的问题主要有：

（1）交通问题：路侧停车、占道经营等原因，使得慢行道不连续；非机动车随意停放，缺少电动车充电设施；出行安全性不高，机动车和非机动车混行，局部路段缺少照明设施。本地居民停车难，留驻居民453户，以北京市居住区停车位配比标准，每10户家庭配建3个以上停车位，留驻居民则需135个停车位，腾退面积约15000平方米，按照每百平方米配置一个停车位测算，需150个停车位，共计285个停车位。而现状周边路测仅128个停车位，停车位缺口非常大。

（2）公共服务问题：室外活动场地不足，公共空间内缺少必要的供居民休憩、交往、活动的城市家具，缺乏社区文化设施，公共卫生间分布不均，缺少商业服务配套设施。

（3）绿化问题：片区内有一级保护古树1棵、二级保护古树5棵，但现有绿植环境及品质总体不佳，亟须提升。胡同内树种单一，均为高大乔木，缺少低矮乔木、灌木和地被植物。

（4）环境问题：片内目前仅有教子胡同1处街头绿地；街巷空间杂乱，缺乏景观小品；街区内多棵古树存在于居民院落内，开放性不足；院落空间普遍狭窄局促，绿化空间有限。

（5）附属设施问题：窗户、遮阳设施、雨篷、女儿墙、空调机位等样式各异，缺少外观上的统一设计，使得建筑立面散乱无序，与传统平房区的青砖灰瓦的总基调不协调。

（6）适老化问题：截至2019年年底，菜市口西片区60岁及以上人口已达50%。片区内，适老性差、出行难、活动空间匮乏等问题日益凸显。

（7）市政配套问题：在公共空间内，影响居民生活环境的是胡同里的市政基础设施，最关键的是污水的排放问题，片区内实行的是雨污合流的排水方式，雨污水管线大部分是20世纪50年代铺设的合流管道，部分管线由于长期运行，腐蚀严重，腐臭气味影响居民生活品质。

（8）共生院院落空间环境提升问题：片区内平房院和楼房院合计131处，通过2007年的危改腾退和2019年的申请式退租之后，除去18处私房院、15处单位楼房院外，形成27处整院，其余81处院落均为共生院。随着街巷公共空间的逐步改善，共生院内的问题日益凸显，是实现"老胡同、新生活"的难点，共生院公共空间环境提升可以彻底改善这一突出的社会问题，取得显著的社会效益。

2．公共空间提升的原则

（1）创新工作模式：西砖胡同试点项目除了试点项目申请式退租、申请式改善、恢复性修建、城市资产运营等模块的工作，还在尝试一些细分模块的工作。城市公共空间提升改造过程中，设计工作的组织与管理就是其中之一，探索实施主体加设计公司的设计工作模式。实施主体深耕西砖胡同项目多年，对西砖胡同试点项目具有全方位的理解，对项目未来的发展有清晰的认识，设计单位具有设计转化和执行能力。但缺乏对项目信息的全面理解，如果全面的掌握这些信息，需要在项目沉淀多年才能对项目有全面的认知。根据这种情况，探索由实施主体出具详细的设计策划，设计策划包含项目定位、项目前期资料、项目概念方案等，再由设计单位进行详细成果转化的工作模式。

（2）景观绿化借势与造势：在西砖胡同的绿化设计中突出丁香花这一主题。法源寺以丁香而闻名，西砖胡同因法源寺的存在而存在，片区的重要IP是西砖胡同，西砖胡同是去往法源寺的必经之路，根据起承转合的设计手法，让去往法源寺赏花的游客在西砖胡同就开始进入赏花场景，然后再渐入佳境。

（3）在地设计：城市公共空间的设计强调在地设计，新配置的城市家具、宣传标识与导示、照明、景观绿化要契合宣南的文化语境，不能大众化、标准化，使胡同公共空间失去多样性、原真性。要深入的挖掘片区文化并进行提炼和转化，做到精细化设计和沉浸式设计。

（4）广泛征求意见：在前期研究过程中采取五步法，搭建交流中心与展示空间、开展需求调查与深度专访、推动共同设计与广泛征集、举办方案展示与居民评选、确定设计方式和营造路径。充分吸收居民意见，针对居民最为关心、问题最为迫切、与日常生活最紧密相关、与公共空间提升立意最一致的内容，直接引导整个项目从设计到实施全程工作。

3. 公共空间提升的策略

（1）补充公共设施：织补公共服务配套设施，提升居民五分钟生活圈品质，合理配置新增的公共配套服务设施，内向性配套服务设施居中，外向性配套服务设施靠路，利用存量空间和增量空间资源，拓展公共活动和交往空间，合理增加停车、健身、社区服务等公共设施，适度补充座椅、亭廊、垃圾箱、宣传栏等小微便民设施。

（2）提升景观绿化：规划建绿、见缝插绿、拆墙见绿、立体增绿等方式实施多元增绿，在街口或重要节点布置公共绿地，提升区域形象，通过在地的、主题化的城市家具，让绿地空间具备多样性，因地制宜打造精品口袋公园、屋顶花园，增设兼具艺术性、生活性的城市家具

小品，营造宜人的城市空间环境和丰富的公共空间体验。

（3）优化市政交通：统筹考虑景观、通行等功能，整合相关慢行系统，优化市政交通设施，提高公共空间的可达性和利用率，并实现与周边环境的良好衔接与有机融合。"坚持从源头解决胡同院落雨污分流问题。化粪池等设施要采用成熟新技术，优化设计，合理布局；雨水处理要在分析降雨量、调蓄能力的基础上，采用调、蓄、排相结合的方式解决[1]"。通过区域交通微循环的研究，合理的组织交通流线，改善车行条件，分时限行，为胡同实现步行街巷打下基础，组织形成步行街巷体系，街巷步行系统趣味化，优化周边停车资源就近停车，步步分流，集中设置电动自行车充电区域，引导居民有序停放非机动车，在院内增设分区化粪池，解决居民卫生间入户问题。

（4）立面整治提升：以清理、修复为主，青砖墙面进行清洁、固化处理，不进行大面积拆旧换新、贴砖或抹灰，保留原有历史积淀的岁月痕迹；21世纪以前的红砖墙面，按照正视、尊重历史存在的原则，以清理、修复处理为主，不随意更换、贴砖或抹灰，其他已经进行抹灰的墙面，根据街区整治要求，采用传统胡同的灰色，进行墙面喷涂处理，不进行贴砖处理。

（5）附属设施：城市公共空间的设计强调在地设计，新配置的城市家具、宣传标识与导示、照明、景观绿化要契合宣南的文化语境，不能大众化、标准化，使胡同公共空间失去多样性、原真性。要深入的挖掘片区文化并进行提炼和转化。做到精细化设计和沉浸式设计（图2-59）。

1.《北京市人民政府会议纪要》北京市人民政府办公厅印发 2019-3-5

（a）日景效果图

（b）夜景效果图

图2-59　培育胡同公共空间

九、城市资产运营

平房区是北京老城重要的城市资产，它具有巨大的文化价值、历史价值、社会价值和经济价值。

平房区城市资产运营是指运营主体将政府授权管理的区域内所承载的所有城市资产，根据平房区的功能定位，运用市场经济手段，对各种可经营资产进行资本化市场运作，通过城市资产在容量、结构、秩序和功能上的不断优化，促进平房区保护更新投入产出的良性循环、城市资产价值的提升，实现片区社会、经济、环境的和谐及可持续发展。

平房区城市资产运营既是市场经济不断深入的结果，也是核心区老城保护和城市更新的必然课题。在市场经济和城市化进程的大背景下，北京老城城市资产运营的思路已经转变和调整，从城市资产的建设积累阶段过渡到了城市资产的运营管理阶段。

1. 城市资产运营的背景

2020年，北京核心区传统平房区面积约为24平方公里。根据2014年房屋普查数据统计，西城区平房总建筑面积为512.72万平方米，非住宅平房建筑面积224.42万平方米，住宅平房建筑面积为288.3万平方米。按照现有平房居民退租政策测算，加上配套的市政基础设施的投资需要上万亿的资金投入，2018年西城区财政预算收入430亿[1]，按照现有模式，区级政府投入资金占20%，投资额非常巨大财政投入难以为继。如果平房区在完成申请式退租阶段工作后，还需要财政持续的投入，将会是一个巨大负担。

北京老城内的城市更新项目，不但没有建筑增量作为资金来源，相反承担着核心区减量的任务，要实现项目自身资金平衡，依靠传统的租房收租金的模式是行不通的，租金过高不但入驻企业和个人负担不起，即使按照预期全

部出租，未来的收入也是固定的。这种模式投资回收期长，投资回报率低。实施主体需要依托项目配套的各种便利政策和所承载的各种资源，创新经营思路，探索新的经营模式，在政府财政有限的资金支持下，利用配套政策和配套资源，达到自我资金平衡，甚至盈利的状态。

2. 城市资产运营模式

（1）院落租赁：以老城保护和城市更新的配套政策为依托，深入研究以租代售的经营模式，通过提升房屋使用权价值，将一定比例格局规整、形态完备的院落作为高端四合院，长租给有需求的个人或机构，以获取较高的租金收入；格局和形态一般的院落在符合功能布局整体规划的情况下，通过长租的模式，出租给建筑师事务所等小型公司，通过使用方的创新室内空间设计和利用，提升资产潜在价值。

（2）合作经营：在西砖胡同试点项目资产运营初期，通过引入总体规划业态中有成熟运营经验的合作单位，由实施主体提供院落，合作单位投资经营，实施主体收取保底租金，双方按比例划分利润，在保证最低收益的情况下学习成熟经营管理单位的运营模式。

（3）委托经营：在西砖胡同试点项目资产运营中期，由实施主体进行投资，委托运营管理单位经营运作，按营业额支付合作方委托经营管理费用，利用合作方成熟的经营模式和技巧，降低经营风险，实现利益最大化。

（4）自持经营：在西砖胡同试点项目资产运营成熟期，通过自持经营，扩大资产资金回报率，谋求公司转型。

3. 项目定位及功能布局

（1）项目定位

西砖胡同片区，将围绕"京味""共生""体验"三大要素打造"京味人居体验区"，

1.《2018年国民经济和社会发展统计公报》北京市西城区政府2019-02-25。

打造独有的产品体系，具体构想如下：

京味：京味文化不仅包括建筑风貌，还体现在文化习俗上；在西砖胡同可以体验人间烟火气息的京味文化，体现的是质朴与绚丽兼具的建筑风貌，宣扬北京百姓实实在在的风俗礼仪。打造深入人心的大众京味文化，承载城市的记忆与乡愁。

共生：共生的解读是多维度的，首先，在客群定位方面，要打造的是多类客群的共生。第一类就是疏解腾退后仍居住于此地的原生居民，他们在片区居住生活，其核心诉求就是生活的环境状况可以提升，生活便捷，宁静祥和；第二类客群是北京城区中腾退外迁的老街坊，此类客群的诉求更多的是情感回归，基于一些胡同场景的重现，唤起从前的记忆。第三类客群定义为"新邻居"，就是海内外深度体验游客，以及地区产业导入客群。

其次，在产品共生打造方面，整个片区无论是原生环境，还是区域特点与发展趋势，都是以宿居生活为核心形成的地区文化特色，在片区未来的发展方向上，也将深耕宿居文化，以打造丰富宿居产品形成驱动载体，导入全新产业及实现腾笼换鸟的目的。

最后，在具体产品方面，根据客群需求实现"泛宿居"产品的体系打造，为本地居民改善房屋品质，为海内外游客提供京味印记的旅居客栈，为大型企事业单位将提供便捷的人才公寓，为创新企业提供定制化院落产品。通过上述"泛宿居"产品的打造，实现广泛客群的导入，匹配关联的商业业态产品，一方面规避了传统文化街区盲目的商业化大开发，另一方面定向化的引导消费，实现居住客群的多频消费和目的性消费，最终形成"居"为引擎，"商"为辅助的融合共生发展态势。

体验：菜市口西片区打造的体验感不是简单的走马观花、打卡拍照；更多的是通过"宿居"的提升把潜在消费客群留下来，通过丰富的产品业态与主题活动，给予消费者参与感与认同感；在场景打造方面，需要将京味文化的代表符号融入到建筑规划设计中，实现商业情景化、内容体验化的发展目标。菜市口西片区已经组织过多次的京味文化体验活动。在未来，还会围绕"京味宿居文化"这个主题的举办更丰富的文化体验活动，给更多潜在客群带来全新的生活方式。

（2）功能布局（图2-60）

1）以法源寺后街1号院为模板，为法源寺后街3号院、5号院文物腾退为抓手，结合申请式退租、申请式改善、平移等措施，逐步恢复清末民初江西会馆（附产）院落格局。利用恢复性修缮和恢复性修建后的院落，引入书院、文创办公产业，逐步恢复法源寺后街的活力。

2）以宣传宣南会馆文化为抓手，结合申请式退租、申请式改善、平移等措施，逐步恢

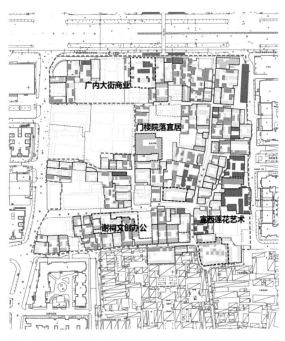

图2-60　功能布局示意图

复清末民初处州会馆、深州会馆、琼州会馆院落格局。利用恢复性修缮和恢复性修建后的院落，引入会馆文化产业，逐步恢复西砖胡同的活力。

3）以闲置文保院落莲花寺的利用为契机，结合申请式退租、申请式改善、平移等措施，逐步恢复西砖34号院、35号院。利用恢复性修缮和恢复性修建后的院落，引入绘画等产业，逐步恢复莲花寺片区的活力。

4）以织补原广安门内大街沿街界面为目标，利用广安门内大街90号院及周边的现有商业为基点，结合申请式退租、申请式改善、平移等措施。利用恢复性修缮和恢复性修建后的沿街院落，引入配套商业，逐步恢复广安门内大街的活力。

4. 西砖胡同试点项目运营探索

传统的经营模式就是建房子、租房子，产业链条短、附加值低，这也是目前传统街区的更新一直依靠财政输血的主要原因，如何才能拉长产业链条，提升附加值，可以从以下三个方面进行尝试：

（1）借助西砖胡同试点项目成功的优势，借助申请式退租的优势，借助各级政府关注下政策倾斜的优势，并充分利用好政府匹配的各种资源；

（2）利用政府延伸的社会资源、媒体的关注、融资的便利；

（3）利用品牌孵化带来影响力的放大效应。

具体策略如下：

（1）以北京文化中心建设和国际交往中心建设为契机，关注伴手礼的开发，借鉴台北故宫和北京故宫的经验，打造爆款旅游单品，开发四合院模型相关的文创产品。

（2）孵化四合院文化相关公司，通过微博或微信APP等自媒体平台，传播四合院文化知识的同时培养四合院网络学者，以此提高西砖胡同知名度，拓展四合院产业链。

（3）搭建老城保护和城市更新交流平台。以传统营造工艺恢复性修建后的四合院为物质载体，搭建老城保护和城市更新交流平台，以《上新了·四合院》《老城保护和城市更新项目发展报告（北京）》等成果为载体，建立老城保护和城市更新社群组织，整合老城保护和城市更新学者及研究团体、四合院营造匠人、四合院相关非遗传承人、四合院设计团队，打造一个集文创产品研发、线下线上销售、四合院文化传播等集产、学、研、教为一体的综合平台，拉长产业链，提高产品附加值，创新经营模式，改变建房子、租房子的传统营销模式。

（4）构建政、教、产、学、研、用一体化的老城保护和城市更新模式，持续进行北京老城保护更新实践，通过不断的参考、研究和总结探索出成熟的老城保护更新模式，再以咨询顾问或智库（定时发布老城保护和城市更新研究报告）的模式对外输出。

十、物业管理

1. 物业管理的背景

"老胡同、新生活"的实现，体现在两个方面：一是硬件方面：包括人居环境的提升、传统风貌的保护；二是软件方面：胡同内的老街坊和新居民能够享受同现代小区一样的物业服务。《首都功能核心区控制性详细规划（街区层面）（2018年-2035年）》提出：实施好《北京物业管理条例》，推动物业管理与基层社会治理深度融合，实现社区治理体系与治理能力现代化。……统筹推进央产房、老旧小区和平房区物业管理，引入市场化物业服务企业，老旧小区要实施综合治理，同步推进硬件改造、环境整治和物业管理，彻底改变房屋老化、环境脏乱和物业现状，完善小区环境与设施维护管理长效机制；平房区要探索建立符合实际的物业服务模式，实现物业管理全覆盖。建立失管弃管小区服务应急保障机制和拆迁滞留区房屋维修、基础设施维护机制，及时解决居民关切的问题。

2020年，北京核心区传统平房区面积约24平方公里，传统平房区涉及人口约53万人，约占核心区总人口的34%。到2035年，按照核心区控规人口密度降低后依然有48万人口生活在核心区传统平房区内，这些人中既有长期居住在平房区里的老街坊，也有疏解腾退空间再利用后引进的新居民。

平房区物业服务的对象就是上述的老街坊和新居民。新居民对物业服务有需求也能接受付费购买物业服务的理念，居住多年的老街坊对新物业还在观望阶段。长期以来，老街坊有事习惯自己处理或者找居委会，居委会对居民反映问题的处理流程是发现问题后上报街道办事处，平房区的道路、房屋、上下水、强弱电等分别有相关产权责任单位，由街道办事处协调寻找相关责任单位，再由责任单位进行处理，待责任单位协调相关部门现场了解情况后再做处置。

2014年底，朝阳门街道选定史家胡同和礼士胡同为试点项目引入现代化的物业管理。根据试点项目的经验，2016年发布了《北京市胡同物业服务标准》和《北京胡同物业服务作业指导手册》，并以此为依托，开始在核心区内的胡同街巷全面引入物业管理。通过政府购买服务的方式，已完成平房区第一阶段物业管理全面覆盖。

平房区和封闭的小区的区别是平房区是开敞的区域，区域内的街道等公共空间有相应的主管单位和产权单位，物业管理不能像封闭的小区那样有比较高的自主权。目前，大多数街巷胡同物业管理公司只能提供院门以外的街巷公共区域的秩序维护、设施巡视、安全防范、交通疏导等服务，不能像现代小区那样满足平房区居民院内和户内的基础生活设施应急处置、便民服务等多方面需求。

2. 物业管理的探索

胡同内引入物业管理是顺应社会发展的，需要根据服务对象的接受程度渐进的推进，第一阶段是政府购买服务引入物业公司对胡同内的公共区域进行管理；第二阶段是物业公司能够像小区内物业一样，在平房院落红线范围进行物业服务，并对有需求的住户进行有偿服务；第三阶段，物业服务全面实行市场化标准。

在由西砖胡同串联的东到教子胡同，西到菜市口大街，南到南横西街，北到广安门内大街的36公顷的区域内，除了建设年代较晚的枫桦豪景小区有现代意义的物业外，法源寺西里小区（5栋楼）、醋章胡同44～46号院（2栋楼）、枫桦豪景社区平房区6.5公顷131个院落（含简易楼，独栋楼）、法源寺社区平房区21.50公顷191个院落，都没有市场化的物业服务。目前的物业管理是通过政府购买服务引入的准物业。这些区域都需要按照核心区的总体要求，探索建立符合平房区实际情况的物业服务模式。

平房区的实际情况是：

（1）居民方面：原住民老龄化严重，物业需要提供适老化服务，老居民对花钱购买服务需要相当长的接受过程，物业从业人员需要适应平房区居民的生活习惯，与居民建立互信。

（2）房屋方面：平房区房屋质量不高。房屋产权复杂，管理权、经营权、产权分离，片区内建筑产权涉及直管公房、自管产、私房、宗教产、军产、自建房（84年以前的，有证违建、住人自建、自管产权属不清、临建）物业管理实施难度大。

（3）市政配套方面：上下水、给水管线落后，问题频出，强弱电线路凌乱。

（4）平房区为开放街区，涉及责任主体众多--园林绿化、市政道路、环卫、排水、给水、电力、城管、房管……，往往一般小区物业可以独立处理的问题，在平房区需要协调多个部门。许多胡同物业在这些方面正在进行非常积极的探索。比如：西四地区：探索社区服务＋物业管理＋居民自治立体化管理模式。

物业管理是否能够成功，有几项关键因素：

（1）熟悉掌握片区的居民、院落、房屋、市政等基本情况，能够跟居民建立起相互信赖的关系，逐步引导居民；

（2）能够协调房屋的产权单位对房屋出现的质量问题进行处理；

（3）了解区域内市政设施的情况，协调政府对市政设施进行升级改造；

（4）能够在辖区政府配合下协调区域内公共资产涉及的责任主体。

目前，具备以上能力的是政府授权的平房区城市保护更新实施主体。实施主体往往是深耕片区多年的国有企业，对片区内居民比较了解，对片区内的城市资产比较了解，有协调各个责任主体的能力。

西砖胡同试点项目实施主体正在尝试通过身份转变，将物业服务与城市资产运营相结合，统筹各种资源，营造一个具有共同价值观取向的、氛围和谐的宜居、宜业的社群，通过主动经营，影响社区内部居民自发性组织形式多样的团体，进行自我治理，自己解决诸多社区问题。同时，建立社区议事厅，引导居民在大集体中和谐共存，协商解决矛盾，提升居民的各种能力。从而既能满足居民对社区物业的需要，又能培养居民自己解决社区问题的意识，增加居民参与社区共建的兴趣，改善社区氛围，促成居民自我价值的实现，将物业管理真正融入到居民生活的点点滴滴中（图2-61）。

设计主体

| 1. 织补恢复性修建设计
2. 西砖胡同街巷整治设计
3. 文保院落恢复性修缮设计 | 1. 整体规划设计
2. 胡同街巷整治设计
3. 恢复性修建导则
4. 典型院落研究 | 1. 典型院落及建筑设计
2. 针灸式公共空间织补设计
3. 针对具体院落及建筑功能改造设计 | 1. 针灸式点状建筑改造设计
2. 公共空间改造设计
3. 数据库长期更新 |

2018 ········· **2019** ········· **2022** ········· **2069** ········▶

实施主体

启动预热期

1. 项目可行性研究
2. 西砖胡同街巷整治
3. 已腾退院落织补复建
4. 北京国际设计周
5. 文保院落恢复性修缮

发展攻坚期

1. 申请时退租
2. 申请式改善
3. 片区规划
4. 胡同街巷整治
5. 恢复性修建
6. 经营利用
7. 公房管理

阶段收尾期

1. 申请式改善
2. 胡同街巷整治
3. 恢复性修建
4. 经营利用
5. 公房管理

长期更新经营期

1. 经营利用
2. 公房管理
3. 胡同街巷整治
4 恢复性修建

图2-61　实施策略

第四节　西砖胡同试点项目的意义

一、探索新总规语境下老城保护更新模式

2017年，中共中央、国务院在批复《北京城市总体规划（2016年—2035年）》时明确要求："做好历史文化名城保护和城市特色风貌塑造。构建涵盖老城、中心城区、市域和京津冀的历史文化名城保护体系。加强老城和'三山五园'整体保护，老城不能再拆，通过腾退、恢复性修建，做到应保尽保"。

2017年批复的北京城市新总规明确老城不能再成片拆除平房之后，东西城有大量的类似于西砖胡同试点项目的危改遗留项目，西砖胡同的试点项目的成功为这些项目的继续推进明确了方向，在沉淀资金回笼、拆迁房屋复建、未拆迁居民改善、片区公共空间环境提升等方面进行了试验，对原有操作模式无法继续推进后的项目转型进行了系统的探索。

西砖胡同试点项目作为全市首个申请式退租的试点项目，担负着探索新总规出台后老城保护与城市更新新模式的重大任务，是2019年北京市政府批准的唯一一个全面试点老城保护更新模式的项目。重点试点：申请式退租、申请式改善、恢复性修建、环境提升、公房管理、城市资产运营五大模块，为《北京城市总体规划（2016年-2035年）》后停滞的老城保护更新项目和危改遗留项目的继续推进探索了新模式。

二、为核心区控规的落实提供借鉴

2020年正式发布实施的《首都功能核心区控制性详细规划（街区层面）》（2018年-2035年）规划实施要点43-1有序实施平房区申请式改善。推进"共生院"（建筑共生、居民共生和文化共生）模式，探索多元化改善平房区人居

环境的路径，留驻老街坊，延续街区历史记忆。以雨儿胡同、菜市口西为试点，结合申请式退租政策，在部分居民自愿腾退、平移后，拆除违章搭建，合理利用腾退房屋改善留驻居民住房和基础设施条件。

核心区控规在制定过程中，多次调研西砖胡同试点项目，将西砖胡同试点项目写入到核心区控规中，试点项目担负着落实核心区控规制定的重要任务。基于共生院的申请式改善模式是试点项目基于对核心区控规的充分理解之后，设立的实践研究课题，目前直管公房相关的申请式改善路径已打通，并形成了成熟的模式，目前正在进行课题的另一个难点——私房的申请式改善路径的探索。

西砖胡同试点项目规划的亮点有：

（1）建立动态数据更新库

通过现场调研、文献查阅及资料的梳理，建立"一院一档"的数据管理平台。地区的档案库细致到每一个院落的每一栋建筑，所有的建筑都被拍照存档，以及进行系统的分类评估，包括院落及建筑的历史文化也都被深入地挖掘、不断完善。随着建筑的不断织补和更新，数据库里的内容也根据实际情况而记录，从而为规划和未来的设计创造夯实的数据基础。

（2）微循环渐进式更新

实施"院落式"的老城区复兴计划，功能有序置换，建筑分批更新改造。根据院落不同的现状和定位，制定"一院一策略"，状况较差的院落率先更新，逐步提高老城区的整体环境水平。

（3）功能多元共生

在深入解读《北京城市总体规划（2016年-2035年）》的前提下，依据现状数据及历史挖掘，结合菜市口西片区申请式退租和申请式改善试点的背景，引入片区内特有的文化历史

元素"谢枋得祠文创细胞""西砖胡同会馆细胞"、"莲花寺艺术细胞"以及"广内大街商业细胞"四种活力业态，打造菜市口西片区以居住为主要功能的多元共生社区。

（4）恢复性修建与合院共生模式探索

借助申请式退租和申请式改善的政策，合理活化利用腾退出来的空间，提升片区整体房屋质量和周边环境。基于空间资源较为零散，探索结合原住民的合院共生模式，达到居民共生，产住共生，文化共生，新旧共生的目标。

（5）在地性的规划设计方案制定

以《北京历史文化街区风貌保护与更新设计导则》《老城保护房屋修缮技术导则》为蓝本，结合菜市口西片区的历史文化特色以及现状院落的基本特点，编制适合于菜市口西片区的恢复性修建设计指引，为控制古都风貌以及未来"一户一设计"的实施打下良好基础。

三、探索老城保护和城市更新工作机制

1．建立老城保护和城市更新动态维护机制

西砖胡同老城保护和城市更新试点项目全过程为片区选取、项目立项、实施方案制定、资金筹措、申请式退租、申请式改善、恢复性修建、公共空间环境提升、城市资产运营、物业管理十个模块，项目根据当年项目自身实施经验和陆续启动的其他老城保护和城市更新的实践经验，动态调整老城保护和城市更新各模块的模型，使各模块模型逐渐成熟和完善。

2．创新设计工作模式

在申请式改善、恢复性修建、公共空间环境提升模块，基于实施主体深耕试点项目片区多年积累的经验和群众基础所内化的对试点项目的全方位的理解及对未来发展清晰的认识，结合设计单位具有设计转化和执行落实能力，探索实施主体加设计公司的设计工作模式，探索由实施主体出具详细的设计策划，设计策划包含项目定位、项目前期资料、项目概念方案等，再由设计单位进行详细成果转化。

（1）院落分级

梳理片区历史、完善整体规划，在深入挖掘院落传统建筑文化价值的基础上，结合《北京历史文化街区风貌保护与更新设计导则》及试点项目情况，对现存的131个平房院落进行分级，并在每一类院落中选择典型院落进行施工图设计，并将院落施工图及片区规划提交由西城区住房和城乡建设委员会牵头组织的西城区土木建筑学会的老城保护更新专家进行评审。

（2）建立试点片区责任建筑师工作模式

配合街区责任规划师，进行工作创新，实施主体内部建立试点片区责任建筑师工作模式。责任建筑师统筹协调片区内的设计单位，整合规划、建筑、室内、施工、材料、绿色节能等方面的技术专家和工匠团队，逐步完善适合本片区的老城保护房屋建设标准。

第三章
北京老城的恢复性修建

第一节　恢复性修建的背景

"北京老城具有无与伦比的历史价值、文化价值和社会价值，是中国悠久城市建设历史的伟大见证，是中国传统营城理念和建造手法的集大成者，是中华优秀传统文化的精华所在。核心区的规划建设工作必须紧密围绕老城核心价值的保护与传承，不断强化遗产的真实性与完整性的保护，不断提高遗产的合理利用与展示水平，让老城在新时代彰显更加丰富的价值内涵"。新版城市总体规划对北京老城历史价值、文化价值、社会价值有了充分的认识，为北京老城描绘的美好的愿景让人倍感鼓舞，老城的现状让老城保护和城市更新的从业者觉得任重而道远（图3-1）。

1. 王其明. 北京四合院［M］. 北京：中国书店出版社，1999：页码

一、老城底色在褪变

"屋顶、地面、墙壁都是灰色的，仅在垂花门上用一点色彩。庭院中种树，绿色的树冠从各家的庭院里伸向天空。灰与绿构成北京四合院的基本色调，烘托着金碧辉煌的皇家宫殿、坛庙，成为北京城市的底色"[1]。（图3-2、图3-3）

1952年，北京市有关部门的调查显示，北京城区危险房屋占城区旧有房屋的4.9%；1990年，老城内三、四、五类房（一般损坏房、严重损坏房和危险房），达到平房总量的50%左右；2002年10月15日，新华网报道：北京市自1990年大规模改造危旧房以来，迄今（2002年）已累计投资逾400亿元，拆除危旧房屋500多万平方米。目前，北京市尚有700万平方米的危旧房需要改造，这些房屋多集中在人口密集的南城、

图3-1　北京老城航拍图——资料来源：闻婷提供

图3-2　大剧院片区——资料来源：董晓光拍摄

图3-3　什刹海片区

关厢地带，……提出在未来几年内，彻底拆除全市危旧房，建设2000万平方米危改住宅的计划，创造良好的社会生活环境，迎接2008年奥运会的召开。

2002年和2004年在旧城内分两批划定了30片历史文化保护区，加上文物保护单位保护范围及其建设控制地带，约占旧城总面积（62.5平方公里）的42%（26.25平方公里）。2012年新增的3片历史文化保护区之后，历史文化保护区总占地面积为414公顷。2017年9月正式批复实施的《北京城市总体规划（2016年—2035年）》提出：扩大历史文化街区保护范围，历史文化街区占核心区总面积（92.5平方公里）的比重由现状22%（20.35平方公里）提高到26%（24.05平方公里）左右（图3-4）。

从以上数据可以清晰的看到，中华人民共和国成立以来，伴随着社会的发展、城市的建设，北京老城四合院这种特色居住形式在不断的减少，以大片青灰色房屋和浓荫绿树为底色的老城传统色调在发生褪变。

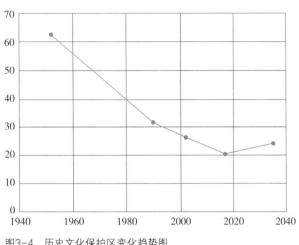

图3-4　历史文化保护区变化趋势图　　　　图3-5　胡同街巷变化趋势图

1. 熊梦祥. 析津志辑佚［M］. 北京：北京古籍出版社. 1983

二、老城肌理在重构

元代熊梦祥在《析津志》[1]中记载："（大都）街制自南以至于北，谓之经；自东至西，谓之纬。大街二十四步阔，小街十二步阔。三百八十四火巷，二十九衖通"。

2. 张爵. 京师五城坊巷胡同集［M］. 北京：北京古籍出版社. 1983

明代张爵在《京师五城坊巷胡同集》[2]中记载："予见公署所载五城坊巷必录之，遇时俗相传京师胡同亦书之，取其大小远近，采葺成编，名曰京师五城坊巷胡同集"。书中共录入街巷胡同约1170条，其中直接称为胡同的约459条。

清代朱一新在《京师坊巷志稿》中记载："京师坊巷，大氐袭元明之旧，琐闻佚事，往往而在"。书中共录入街巷胡同约2077条，其中直接称为胡同的约978条。

3.《北京市都市计划设计资料第一集》北京市工务局编印。

1947年北京都市计划委员会编印的《北京市都市计划设计资料第一集》[3]记载："城区共有街道胡同3065条，其中已铺修者871段，其中沥青路估百分之三十二，石渣路估百分之二十二，土路估百分之四十二"。（图3-5）。

4. 王彬. 实用北京街巷指南[M]. 北京：北京燕山出版社 1987。

1986年出版《实用北京街巷指南》[4]一书所记四个城区有胡同3665条（表3-1）。

北京各时期街巷胡同统计表　　　　表3-1

时间	东城区（条）	西城区（条）	崇文区（条）	宣武区（条）	合计（条）
1949年	823	939	621	690	3073
1990年	577	696	342	627	2242
2003年	492	469	203	395	1559

2017年9月，正式实施的《北京城市总体规划（2016年—2035年）》提出：保护1000余条现存胡同及胡同名称。

自元代以来通过城市规划逐渐形成的内城棋盘式道路网骨架和随形就势自然生成外城街巷胡同格局，在大规模的城市更新改造过程中被重构，新老杂糅的路网骨架和街巷肌理正在逐渐形成。

三、历史信息在消逝

1750年，《乾隆京城全图》中北京城有大小四合院约46100多座。20世纪80年代北京约有6000多处四合院，其中保存较完整的有3000多处。2016年出版的《北京四合院志》，共收入保存较为完好的四合院923处。根据四合院数量变化趋势图（图3-6）可以看到四合院的数量是急剧下降的。

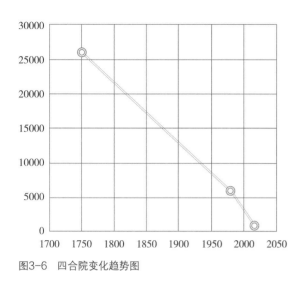

图3-6　四合院变化趋势图

息在消逝。进入21世纪以来，北京老城主要的矛盾变为：北京文化中心建设和逐渐缩小的北京老城之间的矛盾、老胡同和现代生活之间的矛盾、老城保护和城市建设之间的矛盾。北京老城传统四合院的恢复性修建成为解决这些矛盾，继续留存和延续四合院所承载的历史信息的重要手段。

北京第十个五年计划期间，以旧城区和关厢为重点，五年计划改造危房303万平方米，截至2005年，基本完成城区现有危房改造。针对平房区的危房改造有很大一部分是房屋的翻建，在翻建过程中，采用了新材料和标准化的施工工艺。

四合院数量的急剧下降和现存四合院的大规模整修与翻建，使以院落和建筑为载体的有价值的历史信息在消逝，四合院本体的多样性、地域性特点，四合院承载的建筑文化、历史文化、社会文化都逐渐湮没在历史的长河中。因为这些历史信息的缺失，历史信息的真实性得不到充分的认识，一些随意演绎的有失客观真实的信息，正在逐渐影响人们对四合院的正确认知。

中华人民共和国成立初期，北京旧城的主要矛盾是：日益增加的城市人口与有限的居住空间之间的矛盾、不断增加的危房数量和居住安全之间的矛盾、有限的资金投入和落后的城市建设之间的矛盾。一轮一轮的危改正是为解决这些矛盾所采取的有力措施，实际情况是这些矛盾在很大程度上得到了调和，带来的负面结果是以院落和建筑为载体的有价值的历史信

第二节　恢复性修建的意义

文化中心是北京的城市战略定位之一，《北京城市总体规划（2016年—2035年）》中明确提出："文化中心建设要充分利用北京文脉底蕴深厚和文化资源集聚的优势，……传统文化与现代文明交相辉映，历史文脉与时尚创意相得益彰，……实施中华优秀传统文化传承发展工程，更加精心保护好北京历史文化遗产这张中华文明的金名片"。

文化中心建设中，传统文化部分依托北京老城中传统风貌四合院和胡同街巷这一载体而存在，传统文化的传承和发展离不开载体的传承与发展，恢复性修建是解决传统四合院传承与发展的重要途径。首先文化的这一载体必须要有一定数量的样本，并且能够保持其多样性。其次是传统四合院需要有传承和发展的更新机制，在传承与发展过程中能够保持四合院的原真性。

一、部分恢复消失的传统四合院

在老城整体保护和不再拆除四合院的基础上，有效地减缓四合院衰败、减少的速度，可以使部分四合院得以恢复，老城平房区通过逐

渐增加四合院的数量完成扩容，进而实现历史文化街区占核心区总面积的比重由现状22%提高到26%的目标。

二、建立普通院落良性的修缮机制

自秦横扫六国建立大统一的封建王朝政权以来，历史朝代的更迭周期基本都在300年以内，中国木构体系建筑自唐代发展成熟以来，通过有组织的定期维护，一般建筑使用时长都可以超过这个年限。现存于五台山南禅寺和佛光寺的唐代建筑，历经宋、元、明、清保存至今，可以说明，木构建筑如妥善维护，使用寿命也是非常长的。在朝代更迭时，受传统文化和战争损毁的影响，每个朝代建立时基本都要拆旧建新，很少利旧。在作为新时代中国首都的北京，老城内现存传统四合院的传承是非常棘手的课题，恢复性修建是探索非文物建筑建立长效修缮机制一个有意义的尝试。

三、保存原真的历史信息

在北京老城，传统文化的传承和发展，离不开传统风貌四合院和胡同街巷这一物质载体，通过恢复性修建，可以最大程度的承载和传承原真的历史信息，让传统文化的本味传承的更久远。

第三节　恢复性修建的原则

"将核心区内具有历史价值的地区规划纳入历史文化街区保护名单，通过腾退、恢复性修建，做到应保尽保，最大限度留存有价值的历史信息……全面建立老城历史建筑保护修缮长

效机制，以原工艺高标准修缮四合院，使老城成为传统营造工艺的传承基地。"根据这一顶层设计，恢复性修建将遵循以下原则：

一、原真性、完整性的原则

北京老城是从历史中一步一步走来的，老城的保护更新不应该是把某个街巷胡同或历史街区风貌定格在一个特定时代，它应该是有时间的沉淀。发展的痕迹。在恢复性修建过程中，要遵循保持历史信息的原真性和完整性的原则，不应该把某个时期的建筑存在的痕迹随意抹去，更不能把整条街全部不加甄别的统一为某时期的风貌。

在恢复性修建过程中，要尊重每个时期建筑形式存在的必要性和必然性，通过"挖掘近现代北京城市发展脉络，最大限度保留各时期具有代表性的发展印记"。具有各个时代特色的、自然生长的胡同肌理和院落风貌，是北京老城的本色和内在美，失去了时光磨砺的老城，是缺少历史宽度和厚度的，恢复性修建后的老城风貌，不是用千篇一律的材料和工艺定格在特定历史时期的标准像，而应该是各个时代、各种风貌的建筑各得其所的共存，这是文化自信的表现。老城应该是朴素本色，但是干净外衣下充满活力和生机的有机体。

二、小规模、渐进式的原则

历史街区的保护更新和传统四合院的恢复性修建是一个循序渐进的过程，实施"院落式"的老城区复兴计划，功能有序置换，建筑分批恢复性修建。根据院落现状风貌和未来定位的不同情况，制定"一院一策略、一户一设计"的修建方案，通过小规模、渐进式的原则，逐步恢复老城的传统风貌，提高老城区的整体环境水平。

建立动态数据更新库，通过现场调研、文献查阅及资料的梳理，建立"一院一档"的数据管理平台。地区的档案库细致到每一个院落的每一栋建筑，所有的建筑都被拍照存档，并进行系统的分类评估，包括院落及建筑的历史文化也都被深入地挖掘、不断完善。随着建筑的不断织补和更新，数据库里的内容也根据实际情况而记录，从而为规划和未来的设计创造夯实的数据基础。

三、先树人、再树屋的原则

在恢复性修建过程中，要坚持"以人为本"，先树人再树屋的原则，人是恢复性修建的关键因素，这里所说的"人"，一是指老城保护更新的从业人员，二是老城内的新老居民。

北京老城保护更新的从业人员，大致可以归纳为：政府相关人员、实施主体、科研人员、规划设计人员、施工总包相关人员、运营维护人员等，老城保护更新怎么走，恢复性修建如何做，北京老城传统风貌怎么维护等方方面面的事情都由上述人员制定和执行，要对相关从业人员进行充分的培养，锻炼一支职业素质高、专业技术水平好的老城保护更新从业队伍，是恢复性修建得以顺利开展的保障。

恢复性修建完成后的传统院落，最终的使命是通过有效的利用来履行他的历史使命，这是建筑的哲学内涵和本质的体现，因此恢复性修建要充分关注新老居民的使用情况。

四、在地化、多样化的原则

北京老城从最初的内城、外城，到东城、西城、南城、北城、中城，再到后来的33片历史文化保护区，再到13片文化精华区，除了形成区域管理划分外，各个区域在街巷胡同肌理、院落格局、建筑风貌都各有各的特点，恢复性修建过程中要遵循在地化、多样化的原则，注意街巷胡同肌理、院落格局、建筑风貌的区域差别，制定"一区一规划，一院一档案，一户一设计"的实施策略，用精雕细琢、不急不躁的工匠精神，对待老城的保护更新。

第四节　恢复性修建的路径

老城保护更新，保护的是传统风貌，以及传统风貌所承载的传统文化，基于这一根本逻辑，保护更新工作，尤其是策略层面的工作就简化多了。历史沿革清晰的院落，在做恢复性修建之前，首先挖掘院落历史，在此基础上整理出这个院落各个时期传统风貌的发展脉络，以及这个院落传统风貌所承载的传统文化，以此为基础来判断和决策这个院落要恢复到哪个历史时期的风貌。历史沿革不清晰的院落，是现行修缮导则或设计指引关注的重点，要区分哪些是具体的，可以有明确的判断标准的工作，比如干摆丝缝应该怎么砌筑？哪些是需要根据实际情况判断的，比如各部位的样式选型。

制定导则和指引，指导怎么挖掘历史信息、怎么梳理历史信息；指导决策者判断恢复到哪个时期的风貌；指导一些没有历史信息可挖掘的院落，如何确定院落格局、风貌和细部选型，以及新的设备设施如何与设计和施工相协调。

北京老城内院落的历史脉络，有的因为有翔实的记载历久而弥新，有的随着一代代原住居民的更迭而日渐模糊，比如八道湾胡同11号的鲁迅旧居，通过鲁迅的日记及曾居此处居民的回忆，而历史脉络清晰，建筑格局明确，鲁迅先生曾经的起居、会客、写作的场景恍若眼前，这些都是北京老城内传统院落的价值所在。积淀越深厚、信息越清晰，在今后院落恢复性修建和修缮时还原度就越高，在进行院落经营利用时越有价值可挖掘。

在西砖胡同试点项目内，原江西会馆附产范围内的谢枋得祠及西砖胡同、培育胡同属会馆范围的其他院落、西砖胡同17号院的处州会馆、西砖胡同15号院的深县会馆、西砖胡同5、7号院的瑞蚨祥二掌柜院以及醋章胡同39号院的历史，都是在2019年居民申请式退租和申请式改善的过程中，与居民沟通过程中挖掘出来的。随着对新总规的逐步落实，北京老城新一轮以申请式退租为模式的原住民腾退工作即将在全面展开，院落历史的收集已然是刻不容缓，一旦原住民搬离此地，历史信息的收集将更加困难。谁来收集，如何收集，资金怎么保证，收集的信息怎么整理，怎么评判历史信息的价值，都需要有详细的操作路径。将这些路径通过系统的串联后，就是恢复性修建的路径（图3-7）。

一、恢复性修建梳理资料

在实施每个院落的恢复性修建和恢复性修缮之前，要给每个院落建立档案，档案包括三部分：院落的历史、院落的现在、院落的未来。院落历史要深挖历史资料，捋清历史发展脉络。院落现在要把院落现在的现状资料收集留档。院落的未来要把恢复性修建和修缮方案存档。具体路径如下：

1. 院落的历史资料梳理

院落的历史资料来源主要是通过文献资料、影像资料、居民口述历史、现存建筑历史信息等获取，通过这些历史资料的收集、梳理、归纳、总结，对院落的发展脉络、使用场景进行还原。以此作为恢复性修建的基础。具体做法包括以下几方面：

（1）文献资料收集与梳理

记载四合院历史信息的文献资料主要分为：

①专业书籍：《工部工程做法》《京师五城坊巷胡同集》《京师坊巷志稿》《日下旧闻考》《工段营造录》《园冶》《鲁班全书》等，此类书

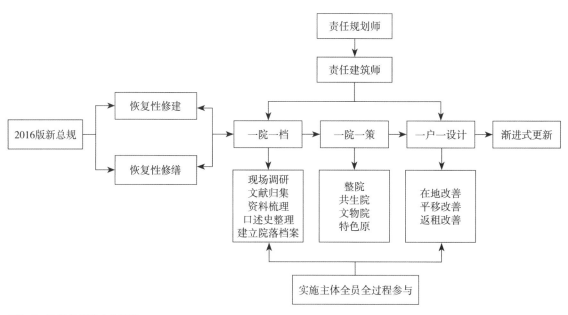

图3-7　恢复性修建实施框架

籍是明清时期记载街巷胡同、四合院营造的专业书籍，对研究街巷胡同及四合院的历史具有非常重要的参考价值。例如《工段营造录》详细记载了传统建筑营造的平地盘、画屋样的先后顺序及详细做法，对研究传统建筑的营造流程具有参考价值。

②典章制度：《大明会典》《明实录》《大明律》《明史》《钦定大清会典则例》《清实录》《清史稿》《大清律例》《钦定八旗通志》等，这是明、清时期官修的记载典章制度的史书，是研究明清时期建筑制度、居住制度的重要的参考资料。例如《明史》中详细记载了明代法律对百官第宅、庶民庐余建筑型制、装饰色彩的使用规定，是研究明清居住制度这一因素对四合院的发展和成熟产生重要影响的参考资料。

③档案资料：《北平会馆档案史料》《北平庙宇调查资料汇编》《北京的社会调查》等，明清时期留下的历史档案、民国时期北平的各种建筑相关的调查档案、收归国有的资产档案，是现在研究四合院的平面格局、建筑规模等非常重要的参考资料。例如《北平会馆档案史料》中的《处州会馆总登记表》载，据表中记载可知，处州会馆坐西朝东，前后两进，倒座房5间，一进院落正房三间耳房左右各一间，南北厢房各两间；二进院落正房三间耳房左右各一间，南北厢房各两间。处州会馆房屋大小共二十二间（不含门道），另有南跨院（现培育胡同3号院）有灰顶小房六间，民国三十二年（1943）在南跨院空地隔出南北墙一道，添置小灰房两间。馆舍左侧为空地，约有八分（533平方米），为当年武举参加会试时练武的场所。

④明清笔记：《宛署杂记》《旧京遗事》《国榷》《水东日记》《湧幢小品》《明朝小史》《万历野获编》《皇明纪略》《咫尺偶闻》《宾退随笔》《藤阴杂记》《乡言解颐》《履园丛话》《谏书稀庵笔记》《归田琐记》《清稗类钞》《枢垣记略》《郎潜纪闻》《乡言解颐》《梦蕉亭杂记》《旧京琐记》等明清文人笔记，作为传统建筑研究中的一项史料类别，不仅拓宽了史料的取材范围，又能弥补正史记载的缺憾。明清文人笔记以志怪、见闻、随笔、传记为主体，内容繁杂多样，并且对北京老城传统建筑研究有非常重要的作用。相比正史对于典章制度的记述，明清文人笔记关注点更多地着眼在民间、社会、市民生活当中，一定程度上弥补了正史缺少民间记载的缺憾，成为正史的重要补充。

⑤堪舆学书籍：《四库全书总目》收入了大量的堪舆学书籍，通过书中的文字和插图，可以为研究四合院的发展成熟脉络提供佐证。

⑥明清小说：《三侠五义》《儿女英雄传》《刘墉传奇》《清朝秘史》《三剑侠》《孽海花》《雍正剑侠图》。

通过明清小说中对建筑场景的描述，可以佐证北京四合院的一些称谓，比如四合院原来称为四合房，在明清小说中都是称为四合房，这一点在清人笔记中也得到了证实；再比如现在四合院中的广亮大门，在明清小说中称为广梁大门，这一点王其明先生在《北京胡同中的大门》一文中专门解释了过去广梁大门演变为广亮大门的历程，说明明清小说对研究传统四合院也具有一定的参考价值。

⑦学术专著：《北京四合院》《北京胡同志》《北京四合院志》。知识传播速度缓慢和纸质书籍阅读的不便在网络时代到来后得到彻底改变，有兴趣的人都能平等的、便捷的查阅历史档案资料，越来越多的有价值的历史资料被拂去历史的尘埃，呈现在人们的眼前，通过这些历史信息，我们可以重新审视胡同街巷和传统四合院的历史。

（2）影像资料收集与梳理

①图片资料：清末以来，随着国门被打开，许多外国人来到中国，用镜头记录了中国社会生活的变迁。为北京留下了大量的照片资料，近年来这些资料通过展览、书籍、网络陆续发布，对北京四合院的研究具有非常重要的价值（图3-8、图3-9）。

②视频资料：《中国的重生》（1949年）、《航拍老北京城》（1933年）、《中国》（1972）等，这些拍摄于20世纪中叶的视频资料，真实、直观的记录了当时的社会生活、建筑形态、城市百态，是研究北京四合院最直接、最具说服力的参考资料。（图3-10）

《中国的重生》（北京）拍摄于1949年，全程

（a）1949年北京的航拍图

（b）1949年的宣武门

图3-8　1945年鼓楼的周边建筑——资料来源：海达·莫理循拍摄

（c）1949年北京的正阳门

图3-9　1945年鼓楼的主要街道——资料来源：海达·莫理循拍摄

（d）1949年的前门大街

图3-10　1949年的北京——资料来源：《中国的重生》

使用彩色胶片,拍摄了大量珍贵影像。拍摄的内容非常的丰富,有恢弘的城市全景,也有平凡的生活日常。镜头里中的北京呈现出未被战火、工业侵蚀的清新、纯净,城市整体色点是沉郁顿挫的青砖色,一眼望去,城门、瓦房、蓝天、白云交相掩映。街道非常干净,交通秩序井然。

③地图资料:《乾隆京城全图》《1955年测绘图》《北京市1959年城区影像地图》(图3-11)。

(3)居民口述资料

在胡同四合院调研过程中,总会碰到一些热情的老街坊,他们会滔滔不绝地把所记忆的院落历史告诉你,随着老城原住居民逐渐的老去和异地改善,这些储存于原住居民记忆中未曾被记录的历史信息也越来越少。老城的保护更新中四合院的恢复性修建,对四合院的格局和型制,原真性恢复只是工作的一部分,还有一个重要的工作,是尽量多地留住储存在居民记忆中的这些历史信息。

2018年,西砖胡同15号院进行局部恢复性修建时,从小生活在这个院子里的韩凤秋老人,就能够详细地说出西砖胡同15号院(原莲花胡同16号)完整历史沿革,并将这些历史写成文字提供给我们(图3-12、图3-13)。

根据韩凤秋老人的回忆,我们对比了一些

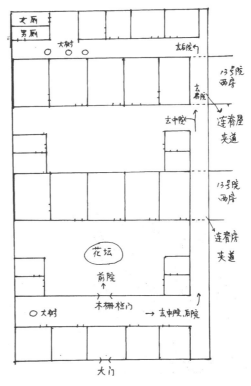

西砖胡同十五号(原深县公馆)原状示意图

图3-12 西砖胡同15号院平面图——资料来源:韩凤秋绘制

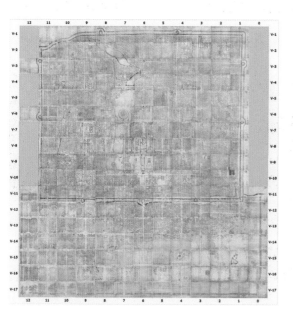

图3-11 乾隆京城全图——资料来源:《加摹乾隆京城全图》

图3-13 韩凤秋在西砖胡同15号院接受采访

档案和历史资料，证明韩凤秋老人的回忆与档案文献资料基本吻合。这说明在老城保护更新过程中，保留居民的群体记忆非常重要，也是恢复性修建过程中重要的环节。

祁建在《西砖胡同后著文》中回忆了韩少华先生在建造胡同16号院自治时的场景，从现存的莲花胡同16号院的平面格局来结合文中记述看，莲花胡同16号院原院落格局是坐东朝西的两进院落，正房五间，东西厢房3间，倒座房5间（含1间大门），垂花门一座，从现存的倒座房尺度，檐廊的彩画，屋宇式大门的宽度和位置，可

以看出，这座院落当时的精致，现垂花门已拆除，门道封堵后作为住房使用（图3-14）。

2. 现存建筑历史信息的挖掘

四合院现存历史信息是恢复性修建方案制定最直接的资料，有些四合院保留了非常多的建筑历史信息，有些虽历经多次修缮与改建，但是在一些隐蔽位置，尚有大量的历史信息得以保存，需要在院落拆除或落架前，做好详细地测绘与资料留存，在拆除或落架过程中也要做好详细的资料留存。比如法源寺后街1号院，在拆除入口处与西砖胡同19号院的围墙时，发

（a）檐廊　　　　　　　　　　　　　　　　（b）彩画

（c）倒座房

图3-14　西砖胡同15号院

现了原来西砖胡同19号院和法源寺后街1号院之间有月亮门联通。

建筑历史信息的收集需要制定统一的表格，分别提供给设计单位和施工单位，按照表格真实、详细地做好各项测绘数据及影像资料的留存（见附录）。

二、恢复性修建方案设计

恢复性修建首先需要在四合院传统营造语境中进行认知，清楚地掌握传统四合院在什么情况下会进行翻建、修缮、维护？如何进行翻建、修缮、维护？翻建、修缮、维护过程中涉及的人、财、物如何组织与筹备？营造过程中的工时、工序、工种如何统筹？传统的四合院生活场景是怎么样的？系统地解决这些情况，然后与现代的生活场景、施工组织、样式选型、设备设施、材料工法进行对比，再根据老城保护要求和实际使用需求，制定恢复性修建设计方案。在方案制定的过程中，既要传承传统风貌，又要兼顾使用需求。

醋章胡同39号院恢复性修建设计方案（图3-15），设计前期在充分挖掘历史文化和历

（a）鸟瞰效果图1

（b）鸟瞰效果图2

图3-15　醋章胡同39号院鸟瞰效果图

史影像资料的基础上进行的，有明确历史沿革或历史资料的院落需要按照历史资料和影像资料进行恢复性重建。没有明确历史资料的建筑结合现状建筑情况进行设计。主体风貌在充分现场调研的基础上，根据现存历史痕迹，采用清末民初民居四合院风格进行设计。设计方案本着尊重历史、保护现状的原则，建筑采用传统砖木结构，台明、外墙、外檐及装修根据现存历史信息结合宣南地区的传统做法进行设计。在设计前、设计中、设计完成后开展详细的入户调查、方案沟通、征求意见（图3-16）。

　　醋章胡同39号院为共生院，有两户居民参与申请式改善，设计师在设计前，通过与居民的深入沟通，掌握并熟知参与改造院落的居民生活需求及合理诉求，设计过程中及时与申请式改善居民进行方案沟通，向居民详细介绍和解释设计方案。在修建时拆除自建房，设计方案以新增地下空间、户内夹层空间替代地面违建，解决居民实际居住困难，完成平房成套化改造。按照不增加项目容积率的面积、不改变建筑外轮廓、满足建筑檐口高度等要求，恢复四合院原有格局。

三、恢复性修建方案确定

　　老城保护更新通过恢复性修建，挖掘城市文化底蕴、恢复城市古都风貌，保持历史文化

（a）院大门

（b）正房

（c）东厢房

（d）跨院

图3-16　醋章胡同39号院

街区的生活延续性。既然采用恢复性修建或恢复性修缮的原则进行老城风貌保护和修复的路径已经明确，那么站在历史发展的维度，每个院落在历史发展过程中都不是静态的，都在随着社会意识形态、营造技术的发展而不断地做出相适应的调整，这些调整的幅度有的大一些，有的小一些，有的是院落格局和型制的调整，有的则仅是细部构造的调整。在权衡以上因素，完成恢复性修建方案设计之后，需要更高层级的专家评审会进行评审（图3-17）。

（1）评审内容：院落档案内容的完整性、恢复性修建方案设计。

（2）评审流程：院落现状踏勘、方案汇报、问题答疑、评审意见。

（3）评审标准：正确的判断哪些院落进行恢复性修缮，哪些院落进行恢复性修建，以及恢复到什么时期，是专家评审会需要制定标准并根据标准，对恢复性修建方案进行判断的，这是一个复杂的系统性的工作，需要权衡恢复性修建涉及的人、建筑、资金等方面的制约因素，不能只关注静态建筑本体。

四、恢复性修建方案实施

在恢复性修建工程中，遴选有传统院落施工管理经验、古建施工人员配置齐全的施工单位参与建设工作。（图3-18、图3-19）

（a）正房

（b）东厢房

（c）跨院

图3-17　醋章胡同39号院

图3-18　永庆胡同17号院——资料来源：焦玲波拍摄

图3-19　西砖胡同7号院——资料来源：焦玲波拍摄

古建施工单位目前有两种施工总承包模式，一种是有自家的技术管理和传统工匠班底，尤其是传统工匠，在施工过程中能够根据现场情况，对设计图纸的不足提出修改意见，对传统建筑的型制、材料和细节有非常好的把控能力，这种总包管理模式更接近传统四合院营造中的"大木厂"模式。另外一种模式施工总包只有工程管理人员，技术人员和施工队伍都采取劳务外包的模式，这种模式，对设计图纸和施工现场突发问题的协调处理能力有限，需要业主单位和监理单位强力的管理。

恢复性修建施工过程中，需要业主单位及监理单位对工程的每一步都做好过程监管，分部分项做好竣工验收。

第五节　恢复性修建的知识体系构建

一、北京四合院发展脉络

合院的居住形式的产生是人类在进化过程中一种本能的选择，学会用火的原始人聚众取暖，团坐一圈，围合是人类获得安全感、处理群体事物的一种本能选择，这一本能在人类走向文明之后，体现在建筑上就是合院。

合院的居住形式是中国广袤土地上普遍采用的一种居住形式，以东北地区吉林满族合院民居、华北地区山西合院民居、北京合院民居、西北的陕西合院民居、甘肃回族合院等民居是我国北方合院的代表。华东地区的江苏合院民居、浙江合院民居，华中湘西合院民居、华南潮汕合院民居、东南福建客家土楼，西南云南一颗印等是我国南方合院的代表。在空间和时间两个空间维度上，都不约而同地采用了一种院落围合的居住模式。

居住建筑的发展演进是沿着两条脉络交织进行的：一条脉络是渐进式的，是由在地环境主导的自然发展模式，是一种缓慢的发展模式；另一条发展脉络是跳跃式的，由当时社会制度、功能需要、社会文化、营造技术主导的，人为干预痕迹明显的发展模式，这种模式一般发生在朝代更迭时，由于社会制度，尤其是居住制度的变化，带来居住建筑的跳跃式的演进。

传统居住建筑的发展一直都是沿着这两条交织的脉络发展的，一条是自下而上的自然发展过程，这个发展过程是渐进式的，各个地区的发展根据地区的习俗、自然条件、技术发展水平等，朝着不同的发展方向演进。另一条线，是自上而下的线，是由礼制产生的带有强制性的发展线，在明清两代的会典和实录中，对这条线的记载是非常明确和具体的，这条线的发展是阶段性的、带有强制性的。北京四合院的发展是这两条线共同作用的结果。

二、北京四合院历史成因

1.自然因素

（1）地理环境：北京位于华北平原的尽端，西北部是太行山脉和燕山山脉，东南部是洪积冲积物组成的一片平川，依山面海，形势优越。北京的河流均属海河水系，主要有永定河、潮白河、北运河、拒马河、泃河五条大河。北京地下水源丰富，以前居民多饮用井水。北京的地质属黄土层冲积层，主要由永定河挟带的泥

沙冲积而成。城内因历代多次营建，碎砖回填土较厚，建宅地基条件并不理想。北京处于多震地带，从明清文献中可找到多次地震的记载，其中以康熙七年、十八年和雍正八年的3次为大，延时较长。由于住宅所采用的木结构抗震性能较好，使房屋得以长期大量地保存下来（图3-20）。

（2）气候特征：北京的气候属于温带大陆性季风型，夏季炎热多雨，冬季寒冷干燥，春季多风，秋季短促。平原区年平均气温为12℃，绝对最高气温42.6℃，绝对最低温度-22.8℃。年平均降雨量682.9mm，其中70%～80%集中在夏季。风向以北风最多，冬季冰冻线在-0.8m。气候是制约居住形态的因素之一。由于北京冬季寒冷，住宅墙体平均厚度达490mm，屋面厚度达200～300mm。为了适应夏季多雨、春季多风沙的特点，屋面采用两坡顶的形式，坡度约为30°，同时院落布局封闭，居住建筑朝外一面极少开窗，以防风沙侵入。此外院内各建筑之间的间距较大，有利于日照、采光、通风（图3-21）。

2.社会因素

（1）居住制度：居住建筑的制度化及官居建筑的样板化，直接促进了居住建筑最后的定型。这些制度在《明会典》《明实录》《大明律》《清会典》《清实录》等官修并强制执行的典章制度中多有记载，这些制度的执行也是有边际效应的，以政治中心为圆心，越靠近圆心执行的力度越大，边远山区及少数民族地区执行起来就有一定的灵活度。

典型四合院平面的形成的重要因素是明代住宅制度的规定和有效执行以及清代对明代住宅制度的承袭。制度是刚性的、不可逾越的。尤其是官宅平面布局，严格地遵守居住制度的要求。民宅参照官宅形制，虽可灵活发展，但

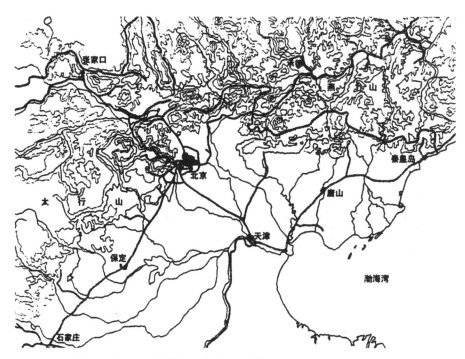

图3-20　北京地理环境图——资料来源:《北京四合院》

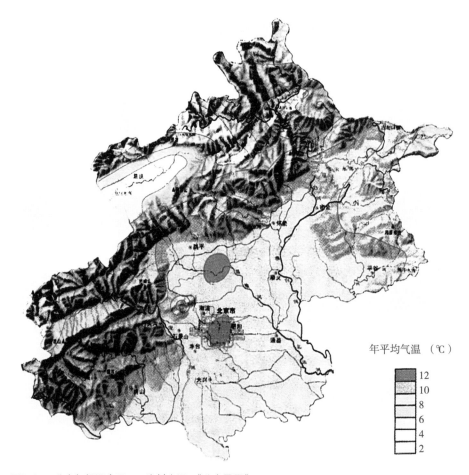

图3-21　北京气候温度图——资料来源:《北京民居》

是官宅的平面布局对民宅布局的影响也是决定性。从官本位的体制到士、农、工、商的社会分层，每个层级的人都希望向上一个层级靠拢。

从民国开始，没有居住制度的束缚之后，四合院的发展进入另一个阶段，阶级不再是决定因素，财力和个人品位成为四合院建造过程中的决定因素。

四合院的立面形象的形成是居住制度和营造者、居住者主观意志共同作用的结果。

（2）户籍制度：《大明会典》卷十九记载，"凡军、民、医、匠、阴阳诸色户，许各以原报抄籍为定，不许妄行变乱，违者治罪，仍从原籍"。"凡祖父母、父母在者，子孙不许分财异居。其父祖许令分析者，听"。《大明律集解附例》记载："凡诸祖父母、父母在而子孙别立户籍、分异财产者，杖一百。若父母丧而兄弟别立户籍、分异财产者，杖八十"。不允许分家的户籍管理制度，以及"庶民房屋架多而间少者，不在禁限"住宅制度，使合院住宅向多进多路发展。这一点，宋怡明著的《被管制的艺术》一书中，也有论述。

（3）移民政策：元以来北京有数次人口大迁移。第一次人口大迁移发生在元初，迁入来自三个方向，即北方的蒙古人、西方回族人和江南30万工匠。第二次人口大迁移发生在明代，迁入来自两个方面，一是洪武、永乐年间朝廷下令从山西洪洞、临汾、襄汾一带移徙无地农民来京耕种，如据北京市原大兴县地名办公室调查，全境526个自然村中，有110个村庄是由山西直接迁移的。按照文化传播学的理论，人口的迁移意味着文化的扩散。经考证，山西襄汾一带的明代民居与明清北京四合院酷似，这至少说明了两地的居住在形制上有着某种潜在的渊源。另一个是明初"轮班匠"制带来的南北雇工。人口迁出则主要发生在明末，有关文献记载：1636年、1638年、1642年清军三次进入京畿，掳去大量人口。第三次人口大迁移发生在清初，清军入关后，北京的内城实际变成了满族人居住的城市。人口的迁移带来居住形式的相互融合，使建筑形式更加多样化。

（4）城市管理制度：《钦定大清会典则例》载"京师重地，房舍屋庐自应联络整齐，方足壮观瞻而资防范，嗣后旗民等房屋完整坚固，不得无端拆卖。倘有势在迫需，万不得已，止许拆卖院内奇零之房，其临街房屋一概不许拆卖"。这也客观上促进了合院的形成与发展。

（5）人口因素：据记载，明初北京城市人口有9.6万，到洪武八年（1375年）人口有14.3万人。嘉靖年间后期至万历年间初，北京城市居民计约13.4万户，其中内城8.46万户，外城4.94万户，总人口约68万人。清初北京内外城人口约11.7万户共55.6万人，其中内城八旗人口计约8万户共40万人。乾隆末年，即公元1795年，北京内外城人口约15.74万户，74万人，其中内城约11万户，50万人，外城4.74万户，24万人。

元代《析津志》中记载有三百八十四火巷，二十九衖通。明代《京师五城坊巷胡同集》共录入街巷胡同约1170条。清代《京师坊巷志稿》共录入街巷胡同约2077条。1947年《北京市都市计划设计资料第一集》记载城区共有街道胡同3065条。1750年《乾隆京城全图》中有大小四合院约46100座。

人口的增加与胡同街巷、四合院数量的增加及单座四合院平均规模减小的趋势相一致。

（6）捐纳制度[1]：捐纳又称赀选、开纳、捐输、捐例，是清朝一项重要的制度，科举制度互相补充，是科举之外另一个入仕通道。捐纳制度始于顺治朝，完备于康熙、雍正、乾隆三朝，冗滥于咸丰、同治两朝，终于宣统朝。与科举、荫袭、保举同为清朝选拔官吏的三个重

1. 许大龄. 清代捐纳制度[M]. 北京：北京大学出版社，1950

大途径，对清代，尤其是晚清的政治、经济、文化具有非常广泛而深刻的影响。

清代捐纳盛行并且制度化，明码标价，给了很多富裕阶层上升的机会和通道，居住的住宅也可以根据捐得的品级进行营造。高规格的官宅数量由此大幅增加。

3. 文化因素

修身齐家治国平天下，在一个家国同构高度认同的社会，家是社会活动的重要载体，居住建筑所承载的居住文化，包括但不限于礼乐文化、风水文化对四合院的定型和成熟产生过非常重要的影响。

（1）礼乐文化：从唐到宋再到明清，在会典中对居住制度都有明确的规定，当时建立起了明确的居住制度和工官制度，而这些制度的基础是自周以来，一脉相承的礼乐制度。

（2）风水文化：风水是传统建筑营造过程中重要的不可或缺的环节。明清住宅的发展与成熟，风水起着关键的决定作用。风水是北京民居体系最重要的塑造者，在四合院居住平面布局中起着关键的作用。

4. 技术因素

北京四合院的发展和成熟还受到传统营造技术的深刻影响。北京四合院的发展、成型再到定型，更多的是人为干预的发展模式作用的结果。明清严格的社会居住制度是主因，而户籍制度、风水文化、营造技术则是辅因。

三、北京四合院的营造体系

1. 院落构成

（1）"间""架"组成房屋

一般来说，北京四合院以"间""架"作为最基本的平面组合单元。所谓"间"是指相邻两榀屋架之间的空间，用"开间"计量水平尺寸，且宽窄有一定之规。就单个房屋来说，位于正中

的明间大于两旁的次间，次间又大于旁边的稍间。就各房关系来说，正房的明间大于厢房的明间，厢房的明间又大于倒座、后罩房的明间，次间、稍间亦如此类推，但差异并不明显。

间在进深方向的大小由"步架"权衡。所谓"步架"是指屋架相邻两檩之间的水平距离。在北京四合院住宅中，正房、厢房等主要房屋以五檩四步架和七檩六步架居多。清末民初，四合院单栋建筑各个间、架的尺寸逐渐趋于一致。

间与步架的尺寸决定了建筑平面的大小。仍以正房为例：如正房面阔三间（每间一丈）、进深五檩四步架（每架四尺），表示该建筑平面面宽为三丈（约9.6米）、进深为一丈六尺（约5.1米），这种由间、架组合房屋平面的方式类似于现代建筑框架结构的柱网平面布局。

（2）房屋组成院落

如果说间、架组合成房屋，那么房屋则组合成院落。北京四合院住宅有三种基本的院落，即前院、中院、后院。前院由大门、倒座等围合，平面呈长方形；中院由正房、厢房、耳房、垂花门、连廊组成，平面呈正方形；后院由后门、后罩房等构成，平面亦呈长方形。北京四合院住宅平面构成基本上都与上述三院有关。

（3）院落组成住宅

首先让我们看看单路四合院的平面组合。一进院住宅平面类似中院，只是用大门、倒座取代了垂花门和连廊；二进院住宅为前院+中院；三进院住宅是前院+中院+后院；四进院住宅是前院+2个中院+后院；五进院住宅是前院+3个中院+后院。受居住制度、礼仪制度及城市规划道路密度的影响，单路四合院最多为五进院落。

接下来我们再看看多路四合院的平面组合。二路院是由两个单路四合院并联组成，多为三至五进院；三路院是由三个单路四合院并联组成，为多进院；四、五路院以此类推。这种大

型的多路四合院一般为贵族府邸、高官宅第或富商住宅。

根据上述分析，可以发现四合院住宅平面组合规律为：其一，间架组合成了房屋，房屋围合成了院落，院落组合成了整座住宅；其二，间架是住宅的基本单元，住宅中所有的房屋、院落平面都与间架密切相关；其三，院落的拓展纵向优先，形成单路一至五进院。如果住宅规模还要扩大，院落的组合可横向发展，形成多路多进院，一些特例如花园住宅等除外。

2．建筑构成

（1）大门

在北京四合院住宅中，大门是最重要的单体建筑之一。它不仅是主人出入的门户，还是户主社会地位的象征。大门的形式多种多样；按构造划分，有屋宇式大门和墙垣式大门；按方位划分，有坎宅离门、坎宅巽门、艮宅兑门等；按规制划分，有王府大门、广亮大门、金柱大门等。下面主要按规制等级介绍常见的几种大门。

王府大门

王府大门是北京四合院中等级最高的大门，其本身亦根据门第的高低而有所差别。清代规定，亲王府正门五间，可开启三门，上覆绿色琉璃瓦，每门金钉63个；郡王府的正间三间，仅可开启一门，门钉的数目也较前者略少。

平面布局方面，大门位于王府中路的轴线上，大门位置居中，东西各有角门一间，俗称阿司门，供普通人出入，府门外除设有石狮、灯柱、拴马桩等，还常常设置上马石，供王府要人上下马使用。屋顶方面，王府大门多采用三间五檩、五间七檩硬山或歇山式屋顶，顶上置正脊、正吻，垂脊上有仙人走兽，大门的梁枋均施油漆彩画。

广亮大门

广亮大门一般是贵族官宦住宅的大门。清代采用此种大门的住户必须有相称的官品地位，而大门上的雀替和三幅云则是品位的标志。

该种大门面阔一间，门前台阶设垂带，门扇位于脊檩之下，门板两扇，门轴下端装在门枕石的槽子里，上端用联楹和门簪固定到大门框上，以起旋转作用。门槛插入门枕石侧面槽内，走车时可以拔下。门簪上部装走马板，供悬挂牌匾或施以彩画，门簪和门枕石外的抱鼓石等是大门装饰的重点。

大门外两侧山墙的墀头，其上部戗檐常置砖雕，砖雕多采用动植物作为图案，如狮子、麒麟、牡丹、海棠等。戗檐下依次设盘头、袅混、炉口等线脚及荷叶墩，这组雕花底部常用一个花篮垫花作为结束。山墙侧面博缝头也加砖雕，采用如意、柿子、万字等组成图案，寓意吉祥。

大门内两侧墙壁为素白墙面，也有砖砌的，俗称"邱门"。门内屋顶多为砌上露明造，山尖部分做五花象眼，也有门内屋顶设吊顶的。朝院一侧檩柱之间均设倒挂眉子。

广亮大门的屋顶形式以硬山式为主，屋面用筒瓦或仰合瓦，屋脊常见的有元宝脊、清水脊、鞍子脊等，侧面设排山勾滴。

金柱大门

金柱大门的规格仅次于广亮大门，多为达官、富商住宅的大门。金柱大门的进深略小于广亮大门，门扇外移至金檩之下，用金柱固定。这种大门内上部多设吊顶，门外侧的顶棚施油漆彩画，大门的檐檩、垫板、坊子上常绘有苏式彩画。

蛮子门

蛮子门是一种门扇立于外檐柱处的屋宇式大门。与广亮大门、金柱大门的区别在于，它将门框、门扇外移至外檐柱处。有些蛮子门前用马尾礓磋代替垂带踏跺。据说这种宅门的形式来源于南方，旧时由南方商人首先引用。

如意门

如意门原为广亮大门，只是后来为了安全等原因在外檐下后加砖墙再留门。据一些老工匠说，这种大门的由来：一是原为广亮大门的宅第，后卖给一般平民，住户不敢潜越清代门制，只得将门改小；二是20世纪初外国侵略者数次入侵北京，人们出于防范心理而缩小门户。还有一种说法，房主是无官富豪，采用广亮大门的型制，但入口处设如意门。这样既可显富，又不致越轨。

如意门的特征是门口两侧用砖砌墙，洞口本身较为窄小，门楣上多施以各式砖雕，并以此显示等级。如富者砖雕用九世同居、狮子滚绣球等纹样，次之用凤凰牡丹、番草人物，简单的只有几块平素挡板。

窄大门

窄大门只占用倒座房中半间房子的空间，因其占用空间狭窄，故名窄大门。窄大门形式由于节省空间和建筑材料，因而在空间比较紧张和居住有大量平民的明清北京外城是很常见的一种宅门形式，以南城居多，内城则相对比较少见。窄大门木架结构多为五檩硬山式，也有部分五檩前廊式和五檩中柱式，更多的是与倒座房为一个整体屋架。多数窄大门与倒座房之间共用一道山墙，为了区别门与倒座房，在前后檐墙上砌出墙腿子，屋面稍稍高出倒座房。有的窄大门甚至木架结构就是与倒座房为一体，只是在倒座房一端开辟半间砌筑上山墙作为门道，在门道前檐（倒座房临街的后檐）位置安装门扉、门枕石等构件，门扉形式很像蛮子大门去掉了两侧余塞板，显得瘦长。门扉上部的走马板占了整个门扉的近三分之一。其屋面与倒座房屋面之间，在共用的山墙处，隔开一垄瓦以示区别，或在大门屋面上做出与倒座房不同形式的屋脊以示区别。窄大门的特点就是空间小、形式简洁朴素，有部分窄大门在门簪、戗檐和博缝头处进行装饰的，还有的在脊部装饰有花盘子。屋脊形式以鞍子脊、过垄脊和清水脊几种形式较为多见，屋面多为合瓦屋面，部分山区的四合院采用石板瓦棋盘心屋面。

小门楼

小门楼是墙垣式大门中最常见的形式，它的种类很多，但造型上大同小异。主要有元宝脊、清水脊、筒瓦、仰合瓦等几种不同的屋面做法。此外，较为讲究的小门楼都有大量的砖雕。

中西式大门

中西式大门又称圆明园式小墙门，多建于清末，大门造型风格中西合璧，常用西洋式拱券装饰门洞。中西式大门前文已有所介绍，在此省略。

（2）房屋

厅房

四合院房屋多为单面开门、开窗，而厅房通常是前后两面开门、开窗，甚至有四面都布置门窗的。住宅内常见的厅房有三类：一是过厅，过厅的功能仅供居者穿行；二是厅堂，厅堂前后两面开门、开窗，面阔一般三间或五间，当中一间供人穿行，旁边的空间可作为起居或招待客人用；三是花厅，花厅主要供居者游憩，它的平面及立面造型较为华丽，有的花厅还在前檐处加抱厦、加卷棚等。

正房

正房也称上房、北房或主房，位于宅院中偏北部。正房在全宅所处的地位最高，其开间、进深、高度方面都较其他房间的大，装修等级也居全宅之首。

正房的间数取奇数，普通四合院正房的间

数为三间、五间，七间的正房极少。调研中我们还发现，有些老宅子的正房左边（东面）的次间、稍间较右边的略大，这可能是受到"左为上"的传统习俗影响。

厢房

内院东西两侧的房子叫厢房，位于东部的叫东厢房，西部的称西厢房。老宅子东厢房尺寸比西厢房的稍大，等级仅次于正房。

厢房的间数多为三间，如果内院南北向较长，厢房两侧可设置盝顶。厢房的屋顶常与正房一样，多采用硬山式屋顶。

耳房

正房两侧较为低矮的房屋叫耳房，耳房的进深较正房浅，台基也比正房低。耳房的开间有一间和两间的，两侧的耳房可包括侧门。由耳房、厢房山墙和院墙所组成的窄小空间称为"露地"，经常被作为杂物院使用，也有居者在此布置假山、花木。此外，在构造上正房、耳房有各自独立的山墙，民国时期将之加以简化，两墙合二为一。

倒座

倒座房位于宅院的前部、大门以西。它的后檐墙临街，一般不开窗或开小高窗，且有露檐、封护檐之分。靠近大门的一间多用于门房或男仆居室，面对垂花门的三间供来客居住，倒座的西部常用墙和屏门分出一个小的跨院，内设厕所。较大的宅子大门以东设小院，内有倒座一间，称为塾。

后罩房

后罩房居宅院的最北部，如果住宅有后门，后门的位置就在后罩房西北角的一间。后罩房与倒座房一样，等级上低于厢房，高度也比厢房稍矮，后檐墙临街做法与倒座基本相同。

（3）影壁

影壁和大门的关系密不可分，它们共同构成了四合院住宅的先导空间。住宅中的影壁分为门内影壁和门外影壁，门内影壁又有独立式及跨山式两种，具体型制如下。

独立影壁

独立影壁相当于一段独立的墙体，墙体的下部设须弥座或下碱墙，顶部采用清水脊或元宝脊，并上覆筒瓦顶。墙体的中部统称影壁心，分为硬心与软心，硬心做法与邱门一致，硬心影壁按所加纹样的多少又分为六种：中心四岔带三层檐影壁、中心四岔带四层檐影壁、中心四岔带五层檐影壁、中心四岔带柱枋影壁、中心素面带柱枋影壁、中心带砖雕匾牌影壁。

中心砖雕纹样有九世同居、钩子莲、凤凰牡丹、荷叶莲花等。四岔纹样包括菊、牡丹、松、竹、梅。影壁上常用砖做出枋、梁、柱，壁心部分往往设匾，书写"迎祥""平安"等字样。

软心影壁为白色壁心，周边用木条做成花纹图框，内挂牌匾或绘制壁画。近代北京人还时兴在影壁前置太湖石，摆盆景。此外，木围屏亦可称为特殊的门内独立影壁。

跨山影壁

跨山影壁位于东厢房的山墙上，并在山墙挑出屋檐作为影壁顶子。这种影壁的优点在于节约用地、省工省料。简易的跨山影壁只是在山墙上用石灰刷出一块壁心，并用青灰加框。

门外影壁

等级较高的四合院门外均设门外影壁。门外影壁有八字影壁和一字影壁。八字影壁由三部分组成，中间是一个一字形影壁，旁边两影壁布置呈八字形，且位于大门外正前方，八字影壁也可能在大门两侧，中间一字影壁被大门取代。一字影壁类似于八字影壁的中心部分，但它又有中间高两旁低和单独一字形的两种。门外影壁的其他做法与门内独立影壁的做法基本相同。

（4）建筑小品

连廊

北京四合院廊的型制依所在位置大致分为四种：即位于垂花门两侧的抄手廊；建筑转角处的窝角廊；房屋前部的檐廊；纵穿两进院以上的穿廊。

总的来说，大型宅院用廊较多。有花厅的院子三面是廊一面是厅，廊的外侧做花墙，墙上开漏窗或灯窗。普通的廊子都在一面或两面设置坐凳、栏杆，可供小憩。

从构造上看，各廊的顶部均采用彻上露明造，多数建筑构件如檩、垫、枋、梁等施油漆彩画，廊子屋面一般为卷棚式屋顶，廊柱之间做倒挂楣子。檐廊山墙上部常设三角形象眼，廊的墙面与邱门类似，分为硬山与软心两种，内有砖雕或壁画。

垂花门

垂花门是内宅的门，北京人也有称之为二门的。它是主人社会地位的标志，同时又是吉祥的象征。垂花门一般有前后两排柱子，分别安装槛框。外柱之间的攒边门通常是开启的，内柱之间的四扇屏门，除有重大礼仪之外平时不开启。

围墙：分割院落的卡子墙和住宅的外部围墙是北京四合院的两种主要围墙。卡子墙也有设在住宅外部的，这种情况多发生在小型宅院，由于各房之间距离靠得过近，因此，在宅院外沿简单地用卡子墙代替外墙。卡子墙多为平顶，上部用瓦或砖砌成花墙，中部设墙心，下部常做下碱。大型四合院可单设外部围墙，外墙与各栋房屋（主要东、西、北三面）留有1m左右的距离，俗称甬道或更道，供夜间打更人环宅巡逻使用。外墙的顶子主要有五种，即真硬顶、假硬顶、砖瓦檐鹰不落、宝盒子顶、花瓦子。

（5）花园建筑

北京四合院的楼房多为两层，王府按型制均设东西配楼和后楼，至于宅第，楼房属于花园中的建筑，且一般并不多见。楼房的型制多种多样，王府中的楼房往往采用传统的式样，而花园中的楼房（包括某些王府中的花园）可以是中式的、中西式的或者是洋式楼房。

此外，各式花园建筑，如亭、台、廊、阁、轩、榭、斋等也是构成北京四合院的建筑要素，但此类建筑无论从形式或是构造方面，均与园林中的建筑相符。

3.营造流程

旧时老北京人盖房一般先请民间匠人谋划，类似于现代的建筑设计，这种传统的设计方式有如下特点：

（1）"营"与"造"具有一体性，即住宅的设计与施工都是由民间工匠承担，其中木工头扮演着重要的角色；

（2）建宅要请人看风水，相宅的内容包括择地、定方位、调整房屋关系等；

（3）房屋的做法有一定之规，官贵人家的宅第严格按居住制度规定的标准进行宅第筹备与建设；

（4）建房不用图纸，尽管清末营建房屋已有图样，但多用于官式的重要建筑，普通民宅的建造仍凭工匠的经验，施工的方法相对固定，由师徒代代相传；

（5）建宅多举行仪式，在开工、房屋上梁、竣工时有重要的礼仪活动。

传统北京四合院营造过程分为：

（1）由业主提出要求，例如准备盖几进院子，需要多少房间，有多少钱用于建宅等；

（2）请风水师相地，风水师不仅在建宅前要对各房的关系、布局方式等提出具体方案，在建宅过程中，还应根据实施情况进行调整，一些熟悉风水择宅的工匠也可承担此项任务；

（3）由木匠工头用搭尺定出正房的进深、开间尺寸，以此推出正房的柱高、柱径、出挑、梁枋断面、举折等，其他各房的尺寸均以正房作为标准而依次递减；

（4）选料备料，如木材方面多选用黄松、黄花松、榆木；砖的品种则根据户主的财力具体商议；

（5）基础营造；

（6）大木营造；

（7）砖瓦石；

（8）门窗装修；

4. 匠作体系

明代的官式建筑营造由工部组织专门的匠户负责，清代营造官式建筑由工部组织，民居建筑则由业主委托专门的营造厂负责组织实施。

营造技艺，以建筑地基放线、挖槽与夯实的土作，大木作屋架与小木作装修构件制作与安装的木作，基础和各种墙体砌筑、屋面铺瓦、地面铺砖的瓦作，台明、柱础、门枕石、门鼓石和山墙等部位石构件制作与安装的石作，木构件地杖做法与油漆工艺的油漆作，木构件地杖做法与彩画工艺的彩画作，用木材或竹材搭建施工辅助设施和临时建筑的搭材作，吊顶龙骨制作安装与纸质裱糊和门窗纸质裱糊的裱糊作，总称"八大作"。

所以，一般民间建筑没有专门的设计机构，也没有专业的建筑师。北京传统民居的建造，就是由大木厂（营造厂）的工匠头目，加上业主及风水先生来决定。

第六节　恢复性修建的重点事项

一、延续北京四合院的多样性

通过查阅明清以来的文献资料可以看出，北京老城的区域划分并不单纯是为了便于管理而进行的一个行政区域的划分，在这种行政区域的划分之下产生了社会的分层，形成了相似文化的聚集。

随着对老城调研的深入，发现北京老城每个区域的院落风貌是有差异的，保护和保持区域鲜明特色的差异也是落实新总规老城整体保护的基础。在老城拆迁遗留项目的恢复性修建过程中，如果严格遵循恢复性修建的原则（原格局、原形制、原材料），需要根据已拆除院落残留的院落历史信息，将院落的原有风貌梳理清楚，不能梳理清楚或历史信息缺失的部分，就应该根据院落所在地的特点进行设计。鉴于此，当下配合恢复性修建要做的工作，应该是把每个文化精华区胡同、院落、房屋的特色加以总结。

《宣南鸿雪图志》曾对宣南地区四合院的典型特点进行总结：宣南地区四合院不同于内城四合院，主要原因是这里胡同密度大，走向不规范，平民注重用地的经济性远大于住宅的气派，甚至大于实用要求。总结宣南地区四合院有以下特点[1]：

第一，不拘方向。东西南北都可布置正房，不一定非北不可。

第二，高密度。内城标准四合院以胡同，密度不超过50%，这里则高达60%或更多，因此常有正房只露明一间的狭窄院子。

第三，格局灵活。正房以三间居多，厢房有三间，也有两间，还有只一面有厢房的曲尺院。很少用垂花门抄手游廊，但使用障墙屏门分隔内外院。

1. 王世仁. 增订宣南鸿雪图志[M]. 北京：北京建筑工业出版社，2015：80-81

第四，小尺度。大门一般不用广亮大门，如意门也使用不多，大多数是半间窄大门。房屋开间除正房明间外，很少用到一丈，进深浅的也只有9尺至一丈，前廊小至3.5尺左右。装饰构件，如门鼓石、挂檐板等普遍减小。

第五，某些商人住宅带有地方风格，如山西的砖砌女墙，南方的天井楼房；有的"非标"四合院还吸收了一些洋式手法，特别是大门，出现了不少特殊式样。

宣南地区四合院与东西城的四合院在一些细部构造上有明显的区别，在四合院恢复性修建的工程中，要根据四合院坐落区位，根据四合院的宏观和微观的差异性，进行在地设计，以此来延续北京四合院的多样性。

二、尊重非传统四合院建筑的历史存在

19世纪末期，西方文化陆续传入中国，西方建筑也开始在北京建造，这些建筑有的是西方样式的完整植入，有的是与中国本土建筑融合作为一个局部来展现。20世纪中叶，为解决大量进城人员的住房问题，在平房区逐渐修建了一些简易楼和厂房。这些建筑存在至今已半个世纪之久。比如，西砖胡同13号院的闲置很久的三露厂厂房，这是20世纪50年代前后修建的单层厂房，建筑面积344.40平方米，檐口高度4.2～4.5米，这个厂房在《宣南鸿雪图志》1955年的地图上就已经存在，建筑的历史最少已经65年。结合菜市口西片区2018年开始的恢复性修建工作，笔者认为共生的概念应该从文化精华区延伸到北京老城，在北京老城内应该允许各个时期、各个类型的建筑共生。西砖胡同试点项目中，有文保院落、历史性建筑、普查登记院落、传统风貌的四合院、简易楼、50年代的厂房、80年代的楼房，在6.5公顷的区域内集合了几乎是北京建设史上各种类型的建筑。在推进基

于共生模式的申请式改善工作的同时，结合区域建筑情况，扩大共生的内涵和外延，探索不同时期建筑的共生、不同建筑类型的共生、院落新老居民的共生、不同业态的共生……

在恢复性修建过程中，要承认这些非传统四合院建筑的历史存在。针对老城内遗留的大规模的工业建筑，一些文创项目已经开始在做类似的尝试，比如西城区新华1949、东城区77文创园、朝阳的首创朗园、石景山的首钢园区。西砖胡同试点项目门楼巷8号院是"文革"时期建设的宣武玉器厂，第三届茅盾文学奖长篇小说《穆斯林的葬礼》一书中详细地描述了穆斯林独特的风俗习惯和人生历程，霍达用穿插的笔法，为我们展示了穆斯林独特的风俗习惯和人生历程，项目可以以此为切入点进行文创概念的植入。

三、传承传统四合院的营造文化

四合院的每一个细部都是技术、艺术、功能、文化的载体，比如一个门簪，都可以从技术、艺术、功能、门文化、宅主的精神寄托等多个方面去研究，要建立一种系统的研究方法，在四合院的恢复性修建过程中应用到实践中，四合院的文化传承是一个系统的文化承载体系。

1. 传统四合院营造文化

以木结构承重体系为主的中国传统建筑体系，由于中国居住制度和木结构营造技术的限制，特别是在宋代以后，逐步走向了单体建筑形态及营造技术的定型化、模式化的阶段，单体建筑的形势趋于同构，空间的总体布局成为传统建筑设计的重点，其体现在设计过程中的定位、定时、定向中。

2. 传统四合院风水文化

中国国土面积广阔，地形复杂，经过漫长的地质年代和气象年代之后，中国大地上既有山清水秀物产丰饶之地，也有山荒水险物产贫

乏之地。建筑的风水活动伴随着人类发展的整个过程，风水活动从实际的使用功能，逐渐添加了人类的意识形态，而加入的这些主观思想伴随着人类社会的复杂而复杂。

风水中包含了中国传统的哲学、美学、环境心理学、建筑学、规划学等诸多学科，是典型的跨专业学科。扼要地说，风水是探讨、解释自然现象与规律和人类生存空间关系的一门古代实用学术，风水是社会活动重要的组成部分，是中国传统哲学、宗教、原始科学及巫术礼仪等各方面的整合。

（1）风水是中国传统文化重要的组成部分

风水不仅在以前深刻影响着人们的诸多社会活动，时至今日，风水也在中国人的观念中深深的扎下了根，从当前常用的诸多词语、成语、诗词、绘画、书法、中医便可窥之一二。

1）风水活动贯穿于营造活动整个过程

为了追求天、地、人三才的和谐统一，在建筑的营造活动中，风水活动始终贯穿于择址、定向（设计）、定时、动土、上梁、安灶的各个环节中。

2）仕绅文人多精通风水

风水术书在《四库全书》子部术书类收集了很多，有许多名人大家都精通风水之术。风水术书在当时非常流行，是文人哲匠知识的重要组成部分。

作为文化主要传播和传承的仕绅文人，在其社会活动或著作中无不对风水有所涉猎，甚至有的更是精通风水。

3）风水是中国传统建筑营造的最显著特色

传统北京四合院设计具有两方面的内容：其一，是住宅的风水设计，包括择地、定方位、确定和调整各房相互关系等。其二，是住宅的本体设计，包括建筑的造型、院落的格局、房屋的结构与构造等方面内容。论其特征，前者有创造性的内涵，后者为程式化的设计。承担前者的主要是风水先生，承担后者的是民间匠人。

（2）风水是北京传统四合院的营造过程中不可或缺的

北京四合院的风水设计是如何进行的呢？20世纪90年代，陆翔老师查阅了大量资料，并采访了北京及华北地区的一些风水先生，对北京四合院风水设计的过程有了初步的了解，总结如下：

1）择地

北京四合院的择地，基本上属于风水术中的形法范畴。《阳宅十书》中的"宅外形第一"说："凡宅左有流水，谓之青龙。右有长道，谓之白虎。前有汙池，谓之朱雀。后有丘陵，谓之玄武，为最贵地。"但是，符合上述条件的最贵地极为特殊。因此，民间风水师又对各种宅地外形进行分类，归纳出具有普遍意义的若干类型，以判别宅地的吉否。

大体上，北京地区视长方形的宅地为最吉之地，东北或东南方缺角的矩形，以及正方形等都属于吉祥的宅地。相反，南短北长的梯字形、不规则的曲尺形等都被视为不吉。除了考察宅地的形状以外，风水先生还要对住宅周围的环境进行评判。评判的标准多种多样，例如：宅地面迎或背对大道不吉，树木背离宅院不吉，周围房屋过高不吉，彼邻寺庙或井居宅中等也都不是好的宅地。

固然，不利的宅地可以调整，但这毕竟属于下策。《阳宅十书》"宅外形第一"说："若大形不善，总内形得法，终不全吉……"因而人们都尽量购置一块较好的宅地建房。

2）定方位

北京四合院方位的确定，属于风水术中的理法范畴。一般是以罗盘校方位，用八卦定出各房的朝向、位置和规模。

具体地说，第一步是确定院落的方位。首先，用罗盘对准正南，校正偏正角（向东偏7°左右），然后找出与校正后的方向相平行的中线行，即宅院的中轴线，将来其他各房的营建均以此为准。

第二步是确定宅院大门的方位。大门的方位不同，各房的关系也有所变化，这一点下文还将讨论。现以较为流行的东南向大门为例：在八卦中，东南向属于巽位，《易经》中巽有入的涵义，故由此处入宅，顺其自然。大门方位确定之后，应本着"吉位高大多富贵"的原则，定出各主要房间的位置与规模。倘若巽位为门，按风水师的口诀："巽天五六祸生绝延"对照八卦顺时针旋转，则正南的离位（天），正北的坎位（生），正东的震位（延）均属于吉位，在此宜建高大的房屋。如在南部建倒座，北部建正房，东部建厢房。正西的兑位（六）虽属不吉，为保持宅院的对称关系，一般也建造高大房屋——西厢房，但它的高度及宽度都比东厢房略矮小。而其他的方位：西南坤位（五），西北乾位（祸），东北艮位（绝）等，只能建较小的房屋；西南部的坤位，民间中视之为脏位，放厕所为宜；厨房放在东北或东南部，阴阳五行说的东部属金，金需火炼。

第三步是确定各房门的位置、门窗、家具等。住宅中各房的房门不可正对，否则"口吃口"不吉。门窗大小及家具的尺寸用门光尺结合户主的生辰八字定出。风水师所用的门光尺的长度是1.44市尺，全尺分为八等份，每份再划分五格，每份、每格象征不一，吉者用红字，不吉用黑字。此外，住宅多采用东向排水，民间中有"东青龙喜水"的说法，这一点在北京东城一些胡同的命名中也可看到。

3）调整

住宅及各房关系一经定好，如果还存在着缺陷，就必须借助于调整。北京四合院的调整方法有以下三种：

其一，是避让法。常用的避让包括大门不对道路要冲，房门不对兽头，不对不利的方向，不对烟囱、屋角，设影壁避风等措施。

其二，是改造法。常用的改造有调整宅院排水方向，平整坑地，重新确定住宅中的井位，增加房屋屋顶的高度等。

其三，是符镇法。最普遍的符镇是立石敢当，一般在宅院正对道路要冲处或倒座和后罩房的外部屋角处立此石。其他方面，如果宅院前面的建筑过高、住宅面对不吉之物，则多在宅内房屋的外墙上放一面镜子，意在把邪气反射出去，还可在大门、房门上贴门神图。

（3）北京传统四合院恢复性修建过程中应有风水考量

中国传统建筑文化发源于农耕文化，而农耕文化关注于环境的和谐、共生，及至现在，中国传统文化仍然有深深的农耕文化的烙印，关于风水活动的记述，在留存至今的古籍、诗词中，俯拾皆是。风水活动是伴随着农耕文明的产生而产生，发展而发展，它是中国在农耕文化中形成的宇宙观、自然观、社会观、审美观的综合体现。到新文化运动之前，都是中国传统文化的重要组成部分，是建筑实践活动不可或缺的一部分。及至近代，中国全面接受西方的建筑形式、建筑理论，传统的建筑营造和建筑理论的逐渐被边缘化，形成了现代传统建筑营造的缺环。李约瑟说"风水理论实际上是地理学、气象学、景观学、生态学、城市建筑学等等一种综合的自然科学。重新考虑它的本质思想和它研究的具体问题，对我们今天来说，是很有意义的"，所以在北京老城传统四合院恢复性修建过程中不能视风水为糟粕，不加区别一概否定。传统建筑文化的传承与发扬，离不开传统建筑营造技艺，应该在去伪存真的基础上，补全风水这个缺环。

风水中有诸多传统规划、建筑、景观的设计和审美手法，只是现代的规划、建筑、景观学科来源于西方，语言简练、直白，易通易懂，而传统风水语言晦涩，多比喻，意境悠远。从新文化运动之后传统文化学习热情和力度降低，致使现在许多传统书籍都读不通、读不懂。再加上风水本身的糟粕，导致风水学科被大众所抛弃。随着东方特别是中国文化自信的提升，世界文化和科学中心的东渐，再加上风水所蕴含的丰富的文化内涵，会渐渐为人所重视。比如在北京，在建设中国乃至世界文化中心时，老城文化是重要的组成部分，现在的中轴线申遗，甚至以后北京老城整体申遗，都是文化中心建设重要的一环。老城中的建筑文化，包括皇家建筑文化、士人建筑文化、平民建筑文化，都是老城建筑文化的重要组成部分。风水是传统建筑营造过程中最重要的一环，它决定着传统建筑文化的"神"，只有在恢复性行修建营造过程中，补上这个缺环，才能使北京老城内的传统建筑通过恢复性修建达到形神兼备。

第四章

人居环境改善

人居环境是人类工作劳动、生活居住、休息游乐和社会交往的空间场所。北京老城人居环境的提升，从人与环境之间的相互关系入手，强调把老城作为一个整体，通过对政治、社会、文化、技术等方面系统、综合地研究，制定全面的提升人居环境的实施策略。

城市人居环境在地域层次上划分为近接居住环境（微观城市人居环境）、社区环境（中观城市人居环境）和城市环境（宏观城市人居环境）。北京老城的人居环境从空间维度划分为城市街巷空间、院落空间、居住建筑室内空间三个空间层次；从人居环境空间的私密程度划分，城市街巷空间属于公共空间，共生院落空间属于半公共空间，产权整院院落空间、建筑室内空间属于私密空间。在接下来的研究中将街巷空间作为一个独立的研究对象，共生院落空间、产权整院院落空间、居住建筑室内空间联系紧密，将其统筹为建筑空间环境进行研究。

第一节　街巷空间环境的变迁

北京老城人居环境的改善，随着时代的节奏进行着，这其中有官方主持的市政基础设施的改善提升，也有居民自发的居住空间环境的拓展改造；有因为城市法规和风貌采用行政手段的强制措施，也有因不可抗力造成的被动的

解危排险；不管是出于何种原因，北京老城的人居环境都或缓慢或急凑的伴随着社会的发展而前行。

站在历史的时空中，每个历史阶段人居环境的改善都有其鲜明的时代烙印，北京老城人居环境改善的变迁史可以从城市街巷空间和居住建筑空间两个维度去探寻。按照自明代以来不同的历史阶段，从城市街巷空间和居住建筑空间两个空间层次，研究北京老城人居环境的变迁。

一、明代的街巷空间环境

自北京作为明代的都城以来，集全国的智力和财力在元大都的基础上，建设了一座举世瞩目的大都市，这座中国农业社会城市智慧的结晶，有其先天的不足，一是缺少与百万常驻人口和庞大的进京人口相匹配的市政基础设施的承载能力，二是虽然明代在元代基础上做了一些改进，比如在明沟上加盖条石板、改明沟为暗沟，但是由于工程技术水平低、政府财政资金有限，城市还没有形成完善的卫生系统、排水系统、道路系统。

明人蒋一葵在其《长安客话》描述北京："天下士民工贾各以牒至，云集于斯，肩摩毂击，竟日喧嚣，此亦见国门丰豫之景。"根据上述描述，结合明代传世的《皇都积盛图》，可以想象当时北京城繁华壮丽的盛景（图4-1）。

明人屠隆《在京与友人书》中写道："燕市带面衣骑黄马，风起飞尘满衢陌。归来下马，

图4-1　皇都积盛图（局部）——资料来源：中国国家博物馆

两鼻孔黑如烟突。人、马屎和沙土，雨过淖泞没鞍膝"。

明人谢肇淛在《五杂俎》中记载："京师住宅既逼窄无余地，市上又多粪秽，五方之人，繁嚣杂处，又多蝇蚋，每至炎暑，几不聊生，稍霖雨，即有浸灌之患，故疟痢瘟疫，相仍不绝。摄生者，惟静坐简出，足以当之"。

根据以上史料的描述，可以看出因受气候、城市建设技术等诸多因素的影响，明代的街巷空间环境比较差。在明代虽对人为破坏环境者施以重罚，但因人口众多，市政基础设施薄弱，粪秽盈路，黄沙漫天，不尽人意的街巷空间环境，使繁华的明代北京城失色不少。

二、清代的街巷空间环境

清代完全承袭了明代北京城的格局，因此城市街巷空间环境也与明代相差无几，但在逐步改善。在乾隆年间，国力强盛时，曾拨发专款用于改善京城道路，将土路改为石板路"以肃观瞻、以便行人"，同时加强了对街巷沿街界面房屋的管理，如雍正十二年议准："京师重地，房舍屋庐自应联络整齐，方足壮观瞻，而资防范。嗣后，旗民等房屋完整坚固，不得无端拆卖倘有势在迫需，万不得已，止许拆卖院内奇零之房其临街房屋，一概不许拆卖。"此后，在乾隆八年、乾隆十九年又重申此项规定，足见朝廷对京师街巷空间严整的重视程度。之后的历代皇帝也对这一规矩多次重申，足见朝廷对京师城市环境之重视（图4-2）。

通过严格的管理，虽然城市环境局部有所改善，但是城市内涝和北方城市沙尘的侵袭对城市环境影响非常严重。

清末国学大师夏仁虎（1874-1963）在《旧京琐记》中记载："北京街市在未修马路以前，

图4-2 乾隆南巡图——资料来源：中国国家博物馆

其通衢中央皆有甬道，宽不及二文，高三四尺，阴雨泥滑，往往翻车，其势甚险"。

清代的街巷空间环境虽在明代的基础上有所改善，但是根据清人笔记等的记载，可以看出，当时的环境也是十分的恶劣。街道上倾倒的各种生活垃圾，对街巷空间环境的影响更是延续至今，现在北京正在投入人力财力治理的低洼院就是受此影响而形成的（图4-3、图4-4）。

三、民国时期的街巷空间环境

民国时期，北京的风沙、垃圾、臭水、污水仍是一直影响街巷空间环境的重要因素。此时，北京的街巷内"无风三尺土，有雨一街泥"。北京老城的城市规划基础是以农业社会、人力时代为背景，进行街巷的尺度和功能设定的，清末以来，代表当时先进的生活方式工业文明的产物，以主动引进或被动输入的方式陆续植入到北京城。

美国社会学家西德尼·D·甘博1921年出版的《北京的社会调查》[1]记载："一些旅行者讲述北京的道路时说，冬天那里的路面往往积着18～36英寸厚的土，而夏天雨季一到，又成为无法通行的一片汪洋，不时有骡马被他吞没……，直到今天，马车依然颠簸在北京的街头，晴天卷起滚滚的灰尘，雨天轧过满街的泥泞……据警方报告，1919年3月，北京城有汽车519辆，四轮马车2222辆，两轮马车4198辆，人力车17815辆"（图4-5）。

1. 西德尼·甘博.北京的社会调查[M]. 北京：中国书店出版，2010.

图4-3　清末泥泞的城市道路——资料来源：山本赞七郎拍摄

图4-4　清末泥泞的城市道路——资料来源：托马斯·查尔德拍摄

图4-5　雨后泥泞的胡同——资料来源：西德尼·戴维·甘博拍摄

北京的排污系统一部分是明代（1368–1644）时修建的。整个排污系统只用于排放污水和废水，粪便全部收集起来，经过晾晒用作肥料，铺设了现代化管道的地方修建了化粪池。多数沟渠是用大块的石板铺设而成的，石板和石板之间有缝隙，大量污水顺着缝隙渗透到周围的泥土中，剩余的一些最终流入城内某一河道，再顺河道流往城外。其中，人工修筑的污水渠总长度约90公里。

四、建国初期的街巷空间环境

北京市档案馆馆藏档案《卫生工程局1950年工作总结报告》中记载：中华人民共和国建立初期，北京的许多街道尤其是普通居民聚居的地区都没有下水道。北京的街道全长755公里，下水道总长却只有314公里，而淤塞的即有298公里。由于下水道年久失修、损坏坍塌，淤泥就有16万多立方米，因而雨水、污水无处下泄，夏季全市积水区域有1100余处，占全城面积的1/15。河湖水道淤塞，淤泥总体积几乎占河湖总容积的1/2。北京各个方面亟待进行现代化的改造（图4-6）。

1949年，苏联专家建议北京市整理旧有下水道，迈开了改善城市环境卫生的第一步。苏联专家高莱托夫认为，旧有的地下沟（建设于元、明时代）是笔很大的财产，修建新沟的费用比清除和整理旧沟所需的费用要贵得多，不能轻易废弃旧沟。他还亲自钻入沟内察看，发现沟砖被侵蚀的程度很小。经过研讨，苏联专家的意见被采纳。在1950年～1952年，疏浚了旧有全部下水道，添建了若干新的下水道，基本上解决了内城一半地区的积水与污水下泄问题。

五、改革开放之后的街巷空间环境

改革开放之后，随着首都经济社会的不断发展，人们对环境质量的需求和期望日益增强。改革开放是北京城市现代化建设的起点，经历了亚运会和奥运会两个大的城市发展契机和建设高潮后，北京的城市公共环境有了彻底改观。

在1990年北京亚运会筹备期间，北京逐步地、成片地改造旧城。重点改造了东、西长安街及其延长线和二环路两侧，及其他居住条件差、破旧危房多、市政公用服务设施落后以及交通阻塞的街区和地段。通过改造，提高旧城区各项基础设施的现代化水平，改善了城市街巷空间环境，北京老城的城市肌理和城市底色在这一时期开始巨大的变化（图4-7）。

图4-6　龙须沟改造——资料来源：《北京日报》

图4-7　1985年的街巷胡同——资料来源：阿德·范德尔拍摄

六、街巷空间环境的现状

为与2017年批复实施的北京城市新总规的功能定位及首都核心区的地位相匹配，针对老城平房区街巷胡同公共空间的环境提升，在调整方向重新定位后，正在有序的展开。

街巷空间环境的现状不容乐观，部分建筑沿街界面年久失修，建筑外立面破损脱落、表面风化的情况比较普遍；门窗、雨篷、屋面破损；空调、电表箱直接挂在建筑外墙上，颜色与风格不协调。胡同内部分传统大门木门破旧；建筑入口台阶存在破损、残缺的情况；树木品种单一，缺乏层次，冬季常绿植物少（图4-8）。

街巷公共空间，在完成市政管线改造和架空线入地后，胡同路面已经重新铺砌；基本已经完成雨水、污水的改造，部分街巷给水、雨水、污水管线老旧，不能满足人居环境提升的基本要求；街巷空间内有的已经完成强、弱电架空线入地，地面以上基本没有飞线；强、弱电电箱和变配电柜得到很好的处理，与传统风貌融为一体，有的尚未完成强、弱电架空线入地，飞线杂乱；强、弱电电箱和变配电柜在胡同街巷内分散布置，与老城传统风貌产生强烈的冲突。沿街空调室外机与传统风貌冲突强烈，样式、色彩、位置等都不能很好的与传统街区风貌相协调（图4-9）；机动车停车位严重不足，胡同内停车没有得到有效管理，车辆停放严重影响居民生活和街区风貌；自行车、电动车等停放没有得到有效的引导，乱停乱放现象较多（图4-10、图4-11）。

图4-9　杂乱无章电线电箱

图4-8　醋章胡同

图4-10　杨梅竹斜街停放的汽车

图4-11　杨梅竹斜街停放的三轮车

第二节　建筑空间环境变迁

北京老城的建筑空间环境的影响因素包括居住建筑的面积、居住建筑的质量、院落空间环境。

一、明代的建筑空间环境

永乐初年，改建都城时间大概是1410年前后，当时"商贾未集，市廛尚疏""皇城四门、钟鼓楼等处"等城市核心位置尚有大量位置建设铺房。到1616年谢肇淛时期"京师住宅既逼窄无余地"，在二百余年的时间里北京经过了大规模的移民，人口激增，城市建设规模增量明显。自明以来作为帝国首都的北京，一直是一个移民城市，城市人口逐步的增加是建筑空间环境提升最大的挑战。

二、清代的建筑空间环境

清末徐珂（1869-1928）在其著作《清稗类钞》中记载：在京汉员，皆侨寓南城外，地势湫隘，赁屋之值皆昂，汉员咸以为苦，列圣每加体恤，故汉阁臣多有赐第内城者。

夏仁虎（1874-1963）在其著作《旧京琐记》中记载：京师屋制之美备甲于四方，以研究数百年，因地因时，皆有格局也。……中下之户曰四合房、三合房。贫穷编户有所谓杂院者，一院之中，家占一室，萃而群居，口角奸盗之事出焉。然亦有相安者，则必有一人焉或最先居人，或识文字，或擅口才，若领袖然。至于共处既久，疾病相扶，患难相救，虽家人不啻也。

有清一代，依然是延续明代的规划格局及建设体系，由于社会的相对稳定，北京的城市人口在不断的增长，乾隆末年（1795年），北京内外城人口约15.74万户，74万人。至光绪八年（1882年）北京城市人口21.8万户，108万人，人口密度达17419人/平方千米。随着京师人口的不断增加，即使在"地势湫隘"的南城，京官都觉得"赁屋之值皆昂"，贫穷编户"萃而群居"形成杂院也就可以理解了。

三、民国时期的建筑空间环境

据统计，1933年北平共有住房1190536.5间，其中现住房屋1088834.5间，空闲房屋101702间。1936年内外城人口107.4万人，人均住房1.1间，12平方米左右。1948年，全市共有住宅面积1354万平方米，人均居住面积4.75平方米，北京老城内平房住宅1156.34万平方米[1]。

1912年，北京的政治中心文化中心的地位日渐衰微，及至1928年以后，民国政府迁都南京，北京失去了城市发展的最大动力。到抗战爆发前，北京城市房价一直维持在一个较低水平，1936《世界日报》和《北京晨报》售房广告显示，苏州胡同25号西式小院，有房屋12间，售价为2500元；芳嘉园斗母宫4号，有房11间半，不仅有电灯，还安装了自来水，售价

1. 北京市地方志编纂委员会. 北京志·市政卷·房地产志 [M]. 北京出版社，2000.

为3500元。在房屋租金方面，1930年，北京房租最高的地段是东交民巷、西交民巷、正阳门大街和王府井大街，平房每间月租15块大洋以上。其次是宣武门内大街、崇文门内大街、北新桥大街、东安门大街、菜市口大街、东柳树井大街、户部街南夹道，平房每间月租7块大洋左右[1]。

当时北京的生活标准和物价水平是：保姆月薪约3~6元；厨师8~12元；黄包车夫16~20元；小学教师30~70元，小学校长约100元。公务员一等科员月薪为100元，公私中学老师120~130元，高初中都教的教员和国语（语文）、英语、数学教员，月薪则在200元以上。清华、北大等国立大学的"部聘教授"，月薪高达400~500元。从工资房价、房租的比来看，

1. 王振. 民国时期北平的"房荒"及住房保障［J］. 北京档案，2014（6）：46-48

低收入阶层的房租占比非常大，租房或买房都非易事。

四、中华人民共和国成立初期的建筑空间环境

中华人民共和国成立以后，北京市政府首先要解决的是大量进城人员的住房问题，虽然通过整顿房屋租赁与买卖秩序，保护合法的房屋所有权和正当的租赁使用权，成立房屋修缮委员会组织并资助城市居民修缮破旧房屋，严禁机关、团体、企业购租民房等一系列措施，暂时缓解了住房紧张和控制了房屋租售秩序，但没有从根本上解决房地产市场供需紧张的矛盾。解决存量住房分配和质量问题，利用有限的物力和财力拓展住房增量是这一时期提升建筑空间环境的主要措施（图4-12）。

（a）做饭的主妇　　　　　　　　　　　（b）下棋的孩子

图4-12　1990年的四合院居民——资料来源：布莱恩·布拉克拍摄

1．在存量住房方面

1949年以后，四合院房屋以居住用途为主，因年代久远，20％的房屋属于"危、积、漏"。1952年调查统计，城区的危险房屋（不足二成半新）有6万多间，860万平方米，占城区旧有房屋的4.9％；破旧房屋（二成半到五成半新）有74万间，1070万平方米，占61％。1990年初，北京市共有危旧房屋1362万平方米，成片的（1万平方米以上）危旧房202片，其中城区四类（破损严重）、五类（危险房）房屋总计495万平方米。

2．在增量住房方面

1949年～1957年北京新建各类房屋建筑面积总和达到2129.3万平方米。1966年～1968年，北京市拆除了50万平方米旧平房，新建了130万平方米简易楼，多为2～3层砖混结构，设计使用寿命一般在20年以下，没有专用厨房和卫生间，属于低标准住宅楼。大多采用外廊式结构设计，墙体采用空斗墙（立砖空心砌法），或采用大型炉渣砌块。其中超过半数分布在东城、西城、崇文、宣武等旧城区，7万余户居民曾在简易楼中安家。1969年，为贯彻"干打垒"精神建设了57栋55489平方米加气块简易住宅楼，"文化大革命"初期共修建简易楼1348所，建筑面积128.49万平方米。1981年～1990年，建成住宅5071.9万平方米，相当于1949年～1978年三十年建成住宅的近两倍，城镇居民人均居住面积达7.72平方米。

这一时期前三门地区住宅的建设在老城增量住房建设中，非常具有典型性。前三门地区的住宅楼是中华人民共和国成立后，第一个最大单项住宅工程，设计施工组织效率高，工程施工技术先进，建设位置在老城的核心位置，从崇文门十字路口西南角，一直到长椿街西边、两便门大街南侧，全长5公里的街道上共有35栋住宅楼，建筑面积39.68万平方米。工程于1976年5月25日正式开工，1978年12月底基本建成，高层板式住宅楼和高层塔式住宅楼得以首次亮相京城。"前三门大街"这样一排"火柴盒子"，一度成为北京的骄傲。整个工程中，按照当时北京市一类高层住宅标准，住宅每户建筑面积为55平方米，一室户占所有户型的10％，二室户占73％，三室户占13％，每户都有对立厨房和卫生间以及壁柜和阳台。

五、改革开放以后的建筑空间环境

改革开放以后，随着经济的发展，北京开始加快居民建筑空间环境改善的力度。

在1990年北京亚运会筹备期间，北京对危旧房进行调查，城区共有各类危旧房屋1362万平方米，其中成片危旧房屋202片、762万平方米。1990年7月，北京市危旧房改造领导小组，通过综合开发的方式，采取"一个为主、四个结合"（即危旧房改造以区为主，危旧房改造与新区开发、住房制度改革、房地产经营、保持古都风貌相结合）的办法，调动各方面的积极性。1990年12月，领导小组确定第一批危旧房改造计划57片，随即开始改造。1990年～1995年，开工建设危旧房累计100片，开复工面积约866万平方米，竣工面积约222万平方米。在这一阶段居民住房环境逐步改善，住房面积逐步扩大。而平房区居民的居住环境，随着家庭结构的不断改变，改善力度相对滞后。

六、建筑空间环境的现状

1．院落建筑风貌

（1）部分院落因为种种原因处于闲置的状态，这些院落，因为长期闲置，院落建筑保持着传统建筑风貌，但是年久失修，需要尽快进行修缮，比如西砖胡同48号院（图4-13）。

图4-13　西砖胡同48号院

（2）近年来，对文物建筑的保护力度不断加强，相关法规得到严格的执行，专项的修缮资金得到保证，设计施工水平不断提升，社会对文物建筑的价值有了充分的认识，文物建筑得到良好的保护、修缮和利用，比如位于现北京第三十五中学内的鲁迅故居和烂漫胡同的湖南会馆（图4-14、图4-15）。

（3）在2008年北京奥运会筹备期间，注重改善居民的居住环境和生活设施，仅西城区2007年一年就完成平房区12条街巷411个院落综合改造修缮工程，对16个老旧小区、94条胡同

（a）卡子门

（b）东厢房

（c）正房

图4-14　八道湾鲁迅故居正房

（a）正房

（b）西厢房　　　　　　　（c）入口影壁　　　　　　　（d）入口大门

图4-15　湖南会馆

街巷进行综合整治，改造163个低洼院，平房区和老旧小区的居住环境设施得到较大改善。2008年奥运会期间，北京市为了迎接各国宾客，大街面上进行了整治，胡同里进行了粉刷，所有危房全部完成翻改建，极大地改善了居住环境。平房院落在解危排险过程中经过翻建，院落建筑呈现模式化、标准化的特点。

（4）自建房密度占比高，院落原有格局和肌理被打破的状况依然没有得到实质性的改观。

（5）院落内的市政设施处在市政投资的范围外，长期得不到改善和提升，严重阻碍居住环境的提升。

（6）由于院落内部自建房密度非常高，院落空间被挤占，只保留最基本的过道。居民见缝插针，利用零散空间种植蔬菜和花卉（图4-16）。

2．居住空间现状

（1）人均居住面积小，多代共居现象普遍。

（2）居住空间功能不完善，房间内部缺乏必要的厨卫空间。

（a）院内的蔬菜

（b）院内的花卉

图4-16　院内景观

第三节　公共空间环境改善

一、街巷空间景观环境提升

明清时期，历代帝王对于植树造林多有重视，甚至亲力亲为，当时的植树造林主要集中在沿河开阔地带，主要道路两侧。对于城内遍布的胡同小巷，未见记载有官方的植树造林活动，从清末以来的大量影像资料可以看出，北京老城内的传统街巷胡同空间几乎没有景观环境，大量的景观环境集中在皇家坛庙、私家庭院等建筑的内部，普通街巷胡同空间内鲜有树木，从现在留存的挂牌树木也可以证明这一点。

民国以来，北京开始在主要街道及次要街道的空旷处种植行道树，开始在街巷胡同内利用口袋公园的建设逐渐加入一些现代树木之外的景观元素。人们亲近自然热爱自然的意愿是根深蒂固的，在胡同里自发、自愿种植营造的具有胡同人情味的景观，是北京老城胡同的特色，居民利用每一寸裸露的土地或自己收集的盆盆罐罐来种植绿植，在夏日的艳阳中，增添一份绿色带来的凉意（图4-17）。

由于空间限制，在胡同街巷种植大量的树木已经没有可能，现在需要利用一些零散空间进行微公园的建设，胡同的景观提升要进行在地设计。既要有政府层面的集中提升，也要尊重居民的自发自愿，两种形式交相辉映，相映成趣。

街巷胡同景观环境提升主要有如下一些内容：

（1）地面铺装：旧建筑材料回用+一片一设计，延续在地文化；

（2）花池改造：门前花池认养+居民自由种植，提升居民参与度；

（3）廊架布设：增加公共空间+促进邻里关系，改善人居环境；

（4）导视系统：区域文化元素+胡同文化肌理，打造专属文化调性；

（5）城市家具：旧物回收利用+在地文化元素，增加区域访客黏性；

（6）景观小品：提升区域在地文化表现力；

（7）景观照明：解决照明问题+增加景观层次，提升胡同文化氛围。

（a）春季的蔬果花架

（b）夏季的蔬果花架

图4-17　房前屋后的蔬果

二、街巷市政设施改善

在街巷胡同市政基础设施改善时有如下细节需要关注：

（1）雨、污水采用分流制，避免雨天污水溢流情况；

（2）院内排水设置排水管网，各个房间汇入管网后进入院内化粪池中，污水经过化粪池处理后排入市政污水管网；

（3）空调冷凝水暗埋至室外雨水暗沟，不出现冷凝水浇墙的现行，这种做法既保护了外墙面，又不破坏建筑外观效果；

（4）室外绿地低于道路，屋面雨水排至散水地面后流入绿地渗透到地下补充地下水源；室外道路雨水经雨水箅子收集后，排至市政雨水管网。

2019年南京小西湖片区在历史风貌区内探索实施的微型综合管廊，在2～3米的街巷内，采用微型桩加上型钢横撑的支护措施，挖了3米左右的管廊基坑，实施后的管廊可以满足自来水、雨水、污水、强电、弱电、煤气、消防七种管线的敷设要求，为老城历史风貌区市政基础设施创新改造探索了一种新的模式。随着居民生活要求的不断提高和市政技术的不断迭代升级，为避免以后市政设施升级迭代造成的持续投入和对居民生活的打扰，在技术、投资等条件具备的情况下胡同内推广微型综合管廊是一个值得探讨的课题。

伴随着北京老城全面保护，核心区内的市政设施也会形成具有胡同特色的成熟模式和发展路径。

三、院落空间环境改善

以申请式改善、申请式退租、恢复性修建为特点的老城保护和城市更新模式的原则是充分尊重居民意愿，兼顾社会公平。在这一原则下，退租居民数量不确定，退租居民房屋位置不确定，退租后形成的院落情况不确定。根据西砖胡同项目的情况来看，申请式退租完成后，在进行申请式改善和恢复性修建时，涉及的院落空间有两类，一类是传统院落，一类是非传统院落。这两类院落分为可进行整院改善和不具备整院改善两种情况。

整院空间景观环境提升自由度比较大，可

以根据资产运营的产品定位结合院落内部原有
树木进行景观的改善提升，既可以恢复"天棚
鱼缸石榴树"的传统院落空间意趣，延续传统
四合院历史文脉，结合人文资源，充分发扬和
挖掘历史文化内涵及传统风格，塑造具有历史
文化氛围和本土文化底蕴的空间环境，也可
以彰显个性，传统建筑与现代景观交相辉映。
（图4-18）

　　共生院的景观环境提升是院落空间环境改
善提升的重点和难点，共生院的景观环境提升，
要积极组织院内居民参与到院落景观环境提升
中来，在方案设计过程中，考虑居民的实际诉
求，通过门前花池认养+居民自由种植的模式，
提升居民参与度，增强居民对共同居住院落的
归属感。

四、院落市政设施改善

　　平房院落的市政设施改善包括院内给水、
雨水、污水、强电、弱电。最关键的是污水的
排水问题。院落配置或预留预埋厨房、卫生间
上下水设施。根据接入市政管线的条件，考虑
新做院内化粪池及上下水外线。

第四节　居住空间环境改善

一、居住空间环境改善标准

　　自2003年起，北京老城由政府主导，先后
探索了一批"小规模、渐进式、微循环"的四

图4-18　院落内部景观

合院住宅整治方式，取得了良好的效果。"小规模、渐进式、微循环"的更新模式是以单个四合院作为更新改造的单元，在改造中延续院落传统的格局、型制、空间肌理，微循环的改造模式把城市更新和保护工作从政府管理转型为社会治理。

建筑形态上看，北京的旧城是一个可以拓扑形变的空间环境，城市最小的空间单元可归结为传统房屋的"间"，所谓"间"指房屋面宽方向的开间。"间"是组成房屋的基本单元，一个房屋多为三开间或五开间，房屋依宅基地的格局组成院，院落的组合则形成坊（即街区），坊则是构成城市空间的最大单元。由此看来，间—房—院—坊—城市是一个空间形态上密切相关的有机体。理论上说，城市的更新，从间、房、院、坊，任何一个要素入手都是可行的。

北京老城更新模式经历了以房为单位的"接、推、扩"，也经历了以坊为单位危房改造，目前北京老城平房区的修缮、整治回归以院落作为基本的单元的改造模式，这是基于北京新总规语境下老城整体保护做出的务实选择。以院落为单位整治尊重了北京旧城的城市肌理，修缮后院落仍可保持旧城中胡同——四合院的空间形态，有利于保护传统街区风貌。现存的四合院有保存完好的，有保存一般的，也有质量较差的。在整治的过程中，采用以院为单元的方式，有利于根据不同情况区别对待。以院落为单位更新在实施中易于操作，资金投入量相对较少，对周边环境影响较小。

以院落为单位进行改造较为成功的实例是东城三眼井地区改造和交道口地区"微循环"改造模式，这些案例得到了政府、专家、居民较为一致的认可。

"老胡同，现代生活"所说的现代生活，是要在历史街区，形成可以对标现代小区住宅居

住模式的传统平房居住模式。现代居住小区，普遍认可的理想居住模式称为"健康住宅"[1]，是指能够使居住者在身体上、精神上、社会上完全处于良好状态的住宅。平房居住模式同样可以参考健康住宅的标准进行改善提升，具体来说健康住宅有15项基本标准：

（1）会引起过敏症的化学物质的浓度很低。

（2）为满足第一点的要求，尽可能不使用易散化学物质的胶合板、墙体装修材料等。

（3）设有换气性能良好的换气设备，能将室内污染物质排至室外。特别是对高气密性、高隔热性来说，必须采用具有风管的中央换气系统，进行定时换气。

（4）在厨房灶具或吸烟外，要设局部排气设备。

（5）起居室、卧室、厨房、厕所、走廊、浴室等要全年保持在17～27°C之间。

（6）室内的湿度全年保持在40%～70%之间。

（7）二氧化碳要低于1000PPM。

（8）悬浮粉尘浓度要低于0.15mg/平方米。

（9）噪声要小于50分贝（A）。

（10）一天的日照确保在3h以上。

（11）设有足够亮度的照明设备。

（12）住宅具有足够的抗自然灾害的能力。

（13）具有足够的人均建筑面积，并确保私密性。

（14）住宅要便于护理老龄者和残疾人。

（15）因建筑材料中含有害挥发性有机物质，所以住宅竣工后要隔一段时间才能入住。在此期间，要进行换气。

2000年在荷兰举行的健康建筑国际年会上，健康建筑被定义为：一种体现在住宅室内和住区的居住环境的方式，不仅包括物理测量值，如温度、通风换气效率、噪声、照度、空气品质等，还需包括主观性心理因素，如平面和空

1. 世界卫生组织在20世纪90年代提出了健康建筑的概念以及健康住宅的15项标准。

间布局、环境色调、私密保护、视野景观、材料选择等，另外加上工作满意度、人际关系等。

通过住宅装修时的材料、家具、设备设施可以达到以上15条标准中的1、2、3、4、5、6、7、8、11条；通过管理措施可达到第15条标准，第10、12、13、14条标准跟平房建筑的位置、建筑状况等因素相关，这其中最难解决的是第13条——具有足够的人均建筑面积，并确保私密性。

现代理想的人居环境，不仅是建筑本体要达到健康住宅的要求，还要有优美的周边环境，这是物理上的标准，可以通过技术措施来实现，另外还要有和谐的邻里关系，这是抽象的标准，需要通过深处其中的各方共同构建。

就西砖胡同所在的菜市口西片区来说，通过危改和申请式退租，菜西片区共腾退居民约605户，户籍人口约1778人，目前菜西留驻居民454户，户籍人口约1130人，常住人口约908人。片区平房住宅建筑面积为22014平方米，户均居住建筑面积20.87平方米，人均居住建筑面积约为7.57平方米（1990年北京市人均居住面积7.72平方米），按照2016版北京城市新总规北京老城宜居人口密度1.2万人/平方公里折算，菜西片区人口密度宜居密度为：120人/公顷，120×6.5×1.5=1170人，户均居住建筑面积52.79平方米，人均居住建筑面积约为18.82平方米。由此判断北京老城平房区人均居住面积远低于北京市的人均居住面积，也远低于北京老城的宜居面积。增加居住面积，拓展居住空间是提升居住空间环境首先要解决的问题。

在老城保护和城市更新过程中，居住空间环境改善，首先要通过恢复性修建，恢复传统建筑风貌，改善建筑采光、通风条件，再通过建筑面积的拓展和室内空间的有效利用，完善居住功能模块，提升室内居住舒适度。

二、居住空间环境改善模式

1. 在地改善

（1）申请式改善

不改变居住处所，对申请改善居民原居住房屋进行翻建或修缮，并对室内进行成套化改造。针对申请式改善，采取的是菜单式的改善沟通模式，留驻居民根据自身情况，在提供的三种改善模式、六个改善菜单中进行选择。实施主体负责建立完善的工作机制，每年固定开放一个月申请窗口期，设置专门申请式改善办公室，接受居民的申请与咨询。

（2）平移并院

为提高留驻居民比例，增加共生院经营价值，将共生院内居民平移至其他院落，平移改善的实践中，遵循"承租/产权关系不变、租金标准不变（公房）、权益面积不变"的基本原则。根据房管相关政策[1]，配合平移的居民将面积扩大1.2倍。平移改善模式不需要居民承担改善费用，居民只需按平移后面积缴纳租金即可，公房租金标准不变。

2. 异地改善

异地改善的最大特点是离开原来居住的平房区，异地改善模式经历了以房换房、危房改造、申请式退租三个阶段，这三个阶段中，针对人、财、房这三个要素，改善情况有所不同。以房换房只解决有限问题，居住环境没有根本改善，不涉及资金平衡，不改变建筑风貌。危房改造彻底解决人居环境改善问题，通过建筑增量、平衡投入资金，传统风貌彻底改变。申请式退租彻底解决人居环境改善问题，通过资产运营和适当的财政投入平衡资金，传统风貌逐渐恢复。

下面重点介绍一下申请式退租。平房区居民离开原居住地址，改变原有平房居住模式，居民根据自身情况，以"居民自愿、平等

1.《关于做好核心区历史文化街区平房直管公房申请式退租、恢复性修建和经营管理有关工作的通知》京建发〔2019〕18号

协商、公平公开、适度改善"的原则，将公房使用权或私房所有权置换为片区外定向安置房、共有产权房、公租房等房屋的使用权或所有权的一种改善模式，这种改善模式的优点是居民的生活环境得到彻底改善，不足是平房区留驻居民的进一步流失，是老城的传统记忆逐渐变淡。

申请式退租的人居环境异地改善模式，自2019试点实施以来，逐渐被老城居民所接受，目前正在核心区稳步实施。当前阶段实施的申请式退租，以项目为单位，项目实施范围内，所有公房承租居民均可在完成相关手续前提下提出退租申请，限定退租时间和退租比例。随着老城保护更新项目的逐渐推进，申请式退租应该建立市级统一的长效机制，核心区内的居民在限定的时间点都可以申请退租，由市级部门统一调配资金和房源。

三、居住空间环境改善措施

1. 恢复传统建筑风貌，改善建筑采光、通风条件

传统平房院落中，通过"接、推、扩"增加的建筑空间紧贴在主体建筑周边，这些增加的空间一部分作为厨房空间使用，一部分作为卧室空间使用，这些空间的增加以牺牲建筑的舒适度为代价，在一定程度上缓解了当时的住房紧张，但是使主体建筑内的起居空间的采光、通风受到严重的影响。这些影响一直延续到现在，是居住品质提升过程中最难解决的问题。

通过恢复性修建，恢复传统建筑风貌和院落格局是改善建筑通风、采光的最基本的方法，在此基础上，通过现代化的技术手段的运用，进一步改善建筑室内的物理环境和热工条件，是营造健康居住的第一步。

（1）采光

现行住宅居住体系下的住宅设计规范要求，每套住宅应至少有一个居住空间能获得冬季日照。卧室、起居室（厅）、厨房应有直接天然采光。卧室、起居室（厅）、厨房的采光窗洞口的窗地面积比不应低于1/7。卧室和起居室（厅）具有天然采光条件是居住者生理和心理健康的基本要求，有利于降低人工照明能耗；厨房具有天然采光条件，可保证基本的炊事操作的照明需求，也有利于降低人工照明能耗。

北京四合院的北房坐北朝南，房屋既能接受足够的日照，也能避免日照直射；东房或西房，适度出挑的屋檐所起到的遮阳作用，可以有效减少夏季射入室内的太阳辐射对空调负荷的影响，并避免眩光。

（2）通风

卧室和起居室（厅）具有自然通风条件是居住者的基本需求。室内良好的自然通风，能保证室内人员的热舒适性，减少房间空调设备的运行时间，节约能源，同时也可以有效改善室内空气质量，有利于健康。根据居住实态调查结果分析，90%以上的住户仅在炒菜时启动排油烟机，其他作业如煮饭、烧水等基本靠自然通风。自然通风开口面积不应小于地面面积的5%。

2. 完善居住功能模块，提升室内居住舒适度

改善室内居住环境的核心问题是增加室内空间，在老城减量发展的语境下，平房院落产权面积之外的空间正在逐步拆除，为形成"规划可支持、资金可保障、群众可接受"的操作模式，居住空间的拓展正在以两种模式进行探索，一种是以雨儿胡同为代表，将通过申请式退租异地改善居民腾退出来的房屋，调整为保障性住房，以较低价格租给留驻居民作为必需

的厨卫功能模块使用，这是一种起居功能模块和厨卫功能模块的横向拓展模式；另一种是以西砖胡同为代表，将申请式改善居民权属范围内的房屋，以恢复性修建的方式翻建，在不增加传统建筑檐口高度的前提下，利用建筑主体内的空间增加夹层，利用增加的空间完善原来主体建筑内狭促的起居功能模块和缺失的厨卫功能模块，这是一种起居功能模块和厨卫功能模块的纵向拓展模式（图4-19）。

（1）卧室功能模块

现行单元式楼房住宅居住体系下的住宅设计规范要求，双人卧室不应小于9平方米；单人卧室不应小于5平方米；兼起居的卧室不应小于12平方米，并确保私密性。从菜市口西片区的统计数字

看，西砖胡同老城保护和城市更新试点项目完成申请式退租后，留驻居民453户，户均居住面积在15平方米（1间房）以下占留驻居民的43.6%。20平方米以下占留驻居民的68.4%。人均居住面积不足10平方米，尚无法达到现行住宅体系下住宅设计规范的要求。

在北京老城平房区居住空间环境改善过程中，需要设置一个过渡期，在过渡期可以在住宅规范的基础上适度降低面积标准，双人卧室净使用面积不宜小于5.5平方米，净尺寸不宜小于2.1×2.6米；单人卧室净使用面积不宜小于3.9平方米，净尺寸不宜小于1.5×2.6米（图4-20）。

卧室内要保证良好的通风换气，通过吸音隔声墙体材料及夹层楼板材料的选用保证保私密性。在进行卧室空间设计时要注意卧室净高与面积的比例关系，既不能过高使空间高耸造成浪费，也不能太矮使空间低矮狭促造成压抑，要以人体工程学为标准对空间进行适度压缩，不能违反常规生活习惯给生活造成困扰。

（2）起居功能模块

完善的起居功能模块是健康舒适居住空间最基本的功能需求，主要功能是供家庭团聚、接待客人，兼有进餐、储存、交通等作用。空间的数量和大小需要根据家庭成员数量确定，最基本要求是具有足够的人均建筑面积，现行住宅居住体系下的住宅设计规范要求，起居功能模块的使用面积不应小于10平方米。在过渡阶段，起居功能中的餐客空间合而为一，使用面积不宜小于5平方米；餐客分开使用面积不宜小于8平方米（图4-21）。

（3）厨卫功能模块

现行住宅居住体系下的住宅设计规范要求，住宅型居住产品的厨房使用面积不小于4.0平方米；公寓型居住产品（由兼起居的卧室、厨房

（a）如厕功能模块　　　　（b）洗浴功能模块

（c）洗衣功能模块　　　　（d）厨房功能模块

图4-19　各功能模块的拓展

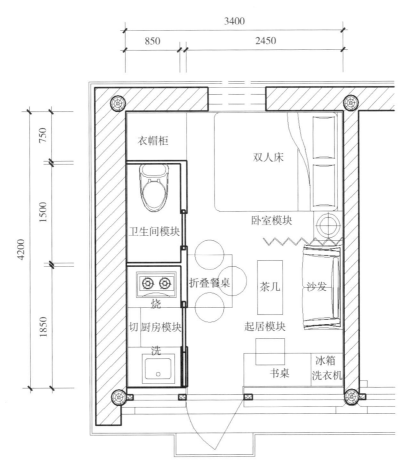

图4-20　极小户型室内家具尺寸

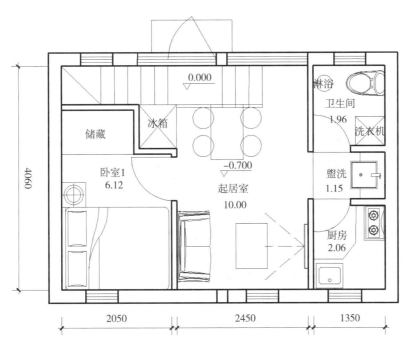

图4-21　起居室平面布置

和卫生间等组成）的厨房使用面积，不小于3.5平方米。每套住宅应设卫生间，应至少配置便器、洗浴器、洗面器三件卫生设备或为其预留设置位置及条件。三件卫生设备集中配置的卫生间的使用面积不应小于2.50平方米。

平房区居住环境的改善，难度最大的是厨卫空间的改善，不仅涉及占用本来就紧张的室内空间问题，还要处理上下水、进排风的问题，要实现老胡同，现代生活，厨卫设施不能仅解决有无问题，更要兼顾舒适度的问题。西砖胡同试点项目曾在西砖胡同做过一个极限空间设计实践，在两间使用面积总计16平方米的空间中，做出了两室一厅一厨一卫的功能，利用传统建筑的坡屋顶增加夹层，两间卧室设于夹层中，首层解决客厅和厨卫功能，必要时客厅可以临时转换为一间客卧，厨卫空间合计2.6平方米。经过2019年7月到8月一个月的开放日活动，接待居民及调研

人员约500人次，居民普遍对16平方米的空间里解决如此多的功能表示认可，但是对狭小空间长期使用的舒适度有所怀疑。在2020年完成的居民改善中，适当增加了厨卫空间的面积（图4-22）。

1）厨房功能模块

平房区户内厨房的功能要求与住宅型居住产品和公寓型居住产品的功能要求是一致的，需要满足与洗、切、烧操作流线相配套的设备的安装和使用要求。厨房内必须配置的设备有：洗盆及配套的上下水设施、菜板、灶具（电灶或煤气灶）、抽油烟机及必要的收纳空间。随着社会的进步，技术的完善，居民逐渐能够接受把煤气灶逐渐替换为电灶，并在下面设置洗衣机。由于面积受限，平房中常见的厨房布局形式有一字形厨房和L形厨房两种。

一字形厨房：洗涤槽、操作台、灶台三个功能模块在一条直线上进行，依据"洗、切、

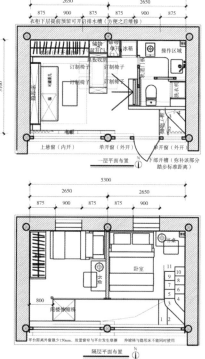

图4-22　西砖胡同2号院样板间

炒"的基本厨房使用顺序，安排厨房内的洗涤槽、砧板操作台、灶台等区域的顺序和位置。这种布置既简洁高效，又节省空间，是最常用的一种厨房布局形式（图4-23）。

L形厨房：利用一个直角相邻的两面墙，布置洗涤槽、操作台、灶台三个功能模块，L形厨房适合安装在普通大小的厨房里。它可

以充分的利用厨房中间空旷的地区，在洗、切、炒这个过程内形成一个三角形的操作流线（图4-24）。

2）卫生间功能模块

1964年至1974年的十年间，北京市政府对宅院厕所（简称"户厕"）实施改造，取缔了85000个户厕，新建了2879座街坊公厕，而这些

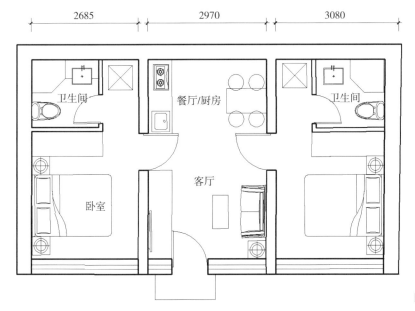

图4-23　一字形厨房

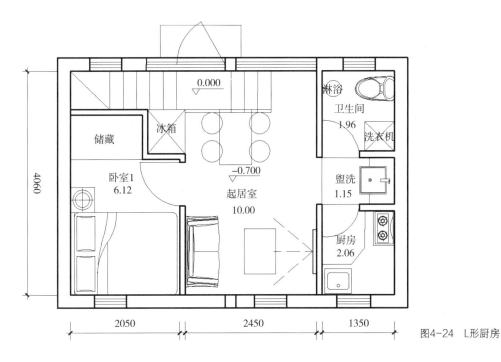

图4-24　L形厨房

街坊公厕，直到现在还在继续使用，不管冬夏还是昼夜，居民都要到街坊厕所去解决个人需求，居民对厕所入户具有非常强烈的要求。另外，截至2017年底，西城区老年人口占全区户籍人口27.1%，比2016年增长了0.6%，80岁及以上老年人的数量占全区老年人口总数的22.3%。平房区的老龄化比例要远大于27.1%的平均比例，适老化设计必须重点设计户内卫生间，在马桶、手盆、淋浴设施设计时，要以老年人的行为习惯进行设计。

3. 优化室内设备设施

室内的设备设施，重点要解决的是冬天的供暖和夏天的制冷，可以根据需求进行多种选择（图4-25、图4-26）：

（1）采用供暖和制冷共用空调系统，设备可以根据室内装饰风格决定采用吊顶式或落地式的室内机，采用水作为冷媒的系统，也可采用有机制冷剂做冷媒的系统；

（2）供暖采用地板辐射供暖，空调采用风机盘管室内机系统，室内机采用水作为冷媒的

系统；

（3）利用电锅炉进行供暖，分体空调或集中式空调作为制冷系统；

在某些间歇性供暖的场所，也可采用辐射膜进行局部供热，既可以避免水系统冻胀风险，且不占用室内空间。

四、居住空间环境改善注意事项

任何一个行业都有它的顶层愿景和底层逻辑，实用、经济、美观是建筑设计的三要素，时至今日，这依然是判断建筑作品良莠的试金石，在资本、信息两个因素成为建筑行业主要驱动因素之后（这两个驱动因素以前就存在，只是现在愈加明显），建筑师执业的底层逻辑始终不曾改变，就是首先得适用，把以人为本的深入思考物化为实用的设计产品，这里说的"人"不是给身处其外的旁观者，"产品"不是打了灯光加了滤镜的照片，而是将要长期使用或生活在设计的生活场景中的人，任何不符合"实用"这一底层逻辑的反人类、反常规的设计

图4-25　电暖气——资料来源：李楠拍摄

图4-26　电锅炉——资料来源：石远方拍摄

都将通过时间检验之后为人所抛弃。

　　建筑师、建筑设计解决的从来都不只是一个技术问题，尤其是在今天北京老城整体保护语境下进行的城市更新过程中，它是一个复杂的社会问题，建筑师想要提出更多的解题方法，首先要更多的体验、融入所要解决问题的环境中，感受场景中的春夏秋冬和柴米油盐。当你沾染了烟火气还保持着一个建筑师的理想时，可能已经有了解题思路。

　　在四合院改善过程中，设计师要能够在胡同中沉下来，要能够理解居民的迫切需求。通过在地设计，既能够兼顾居民的生活习惯，也能够保证建筑风貌和居民生活改善和提升。最后通过高完成度设计，精细化施工，呈现一个全场景的设计作品。

第五章

北京老城城市资产的运营实践

"老城不能再拆了"是北京老城由增量时代进入减量发展的重要标志，在减量发展的大背景下，老城内的存量资产成为老城发展的重要保证，通过城市资产运营，最大限度地挖掘老城存量资产的价值，并使其最大化，是老城保护和城市更新今后面临的重要课题。

第一节　城市资产运营的背景

一、老城城市资产运营的特点

城市资产运营是指各级政府或授权主体，将城市所承载的包括有形资产和无形资产在内的所有城市资源，运用市场机制进行配置，使城市资源的经济效益和社会效益最大化的过程。有形资产包括城市范围内土地及其承载的公有权属的市政基础设施、建筑物、构筑物等；无形资产包括城市的品牌、历史、文化、人文素质、软环境建设等。

北京老城历史文化街区、风貌协调区及其他成片传统平房区内，可用于城市资产运营的有形资产，包括公有产权或使用权的建筑物、构筑物，城市公共空间内的城市道路、市政基础设施等城市的硬件资产[1]；可用于运营的无形资产有老城所孕育的文化、品牌、人文素质、软环境建设等。城市资产的特点是有形资产主要为现在的有历史积淀的传统建筑，尤其是传统四合院建筑。无形资产，历史越久远，积淀越深厚，价值越巨大，主要是古都文化、红色文化、京味文化以及以此为基础产生的具有商业价值的品牌。

北京老城传统建筑的发展史，是一个随着封建王朝的更迭不断建设、更新的循环过程。

20世纪50年代以后，随着社会发展，生产力的进步，居住模式的转换，以农业社会为基础的传统建筑的建设、更新的内在动力消失后，这种循环也就停止了。伴随而来的是传统建筑形式的没落和存量传统四合院建筑的不断衰败。随着北京老城城市化进程由高速的增量发展阶段，进入提质减速的减量发展阶段，城市发展由外延式扩张模式向内涵式增长模式转变，这些衰退的传统建筑由前一阶段城市发展的阻力，转变成现阶段北京老城重要的城市资产。

北京老城城市资产运营模式，包括以城市有形资产运营为主的重资产运营模式和以城市无形资产的挖掘、提炼、整合后所进行的轻资产运营模式。以政府为主导的运营主体，一般采用的是重资产的运营模式，通过申请式退租、申请式改善、恢复性修建、公共空间提升之后进行城市资产运营。以社会企业为主的运营主体一般采用的是轻资产运营的模式，通过文创产品开发、品牌孵化等进行城市资产运营。大部分运营主体采取的是兼具重资产运营和轻资产运营的综合运营模式。

二、北京老城城市资产运营发展历程

将建筑物作为城市资产，通过租赁、出售的方式，进行配置的广义城市资产运营，在北京由来已久，所有具有公共属性的城市资源的市场化配置都可以称之为城市资产运营（图5-1）。

通过对大量历史资料的研究得出，明清时期的城市资产运营仅停留在房屋租赁等简单的、初级的运营层面，还没有运营无形资产的概念，中华人民共和国成立后也没有形成现代意义的城市资产运营，当时实行的是对生产、资源统一分配以及产品消费事先进行计划的经济体制，在计划经济环境中，生产和消费都是按照计划

1. 作为城市重要资产的土地，在老城内是稀缺资源，本书不做重点研究

图5-1　皇都积盛图中的商铺——资料来源：中国国家博物馆

进行的，不具备城市资产的运营的动机和条件。

1978年的改革开放，使中国经济进入一个加速上升期，尤其是1998年国务院正式取消福利分房制度之后，为了解决城市居民住房问题，北京老城进入一个加速增量建设期，这一阶段一直持续到北京奥运会召开之前，传统的以城市有形资产运营为主的城市资产运营模式达到顶峰。

2007年初开始的国际金融危机，结束经济长周期的上升阶段，全球经济进入长期的结构性调整时期。2008年以后，北京进入后奥运时代，奥运时期逐渐建立起的品牌影响力逐渐扩大，城市无形资产逐渐被挖掘、积累、发酵。

北京老城一直在保护和发展这一对矛盾中顾盼，一直到2017年，老城的保护和发展有了顶层设计，"老胡同，现代生活"更是使保护和发展取得了辩证统一。北京老城内现代意义的城市资产运营的诞生是老城从增量发展时代进入减量发展时代开始的，这既是形势所迫，也是历史发展的必然。

故宫博物院是老城内城市资产运营最重要、最具影响力的实践，发端于2012年的故宫博物院的一系列改革，拉开了故宫博物院城市资产运营现代化的开端。

三、城市资产运营的必要性

《北京城市总体规划（2016年—2035年）》提出：优化升级王府井、西单、前门传统商业区业态，不再新增商业功能。促进其向高品质、综合化发展，突出文化特征与地方特色。加强管理，改善环境，提高公共空间品质。

《首都功能核心区控制性详细规划（街区层面）（2018年—2035年）》明确要控制人口规模、控制建筑规模，降低人口密度、建筑密度、商业密度、旅游密度。

在以上北京老城新的顶层设计的背景下，以增量实现资金平衡的房地产开发模式和以财政资金全部投入来筹集资金的模式都不是可持续的老城保护更新的可选模式。

据2014年统计，北京老城平房区主要包括历史文化街区、风貌协调区和其他成片平房区，现状总面积约2624公顷，约占老城总面积（62.5平方公里）的42%。

根据2014年房屋普查成果数据统计，北京老城近900万平方米平房建筑中，直管公房约占40%。其中西城区平房总建筑面积512.72万平方米，非住宅平房建筑面积224.42万平方米，住宅平房建筑面积为288.3万平方米，包括：自管公房建筑面积25.64万平方米，直管公房平房建筑面积120.94万平方米，54770户，私产平房建筑面积77.63万平方米。

据2012年统计，东城区17片历史文化街区内，有平房约230万平方米，居民约6万户，其中直管公房41587户、81567间、114.9万平方米；私房10469户、44461间、66.7万平方米；单位自管公房910处、55.3万平方米。

按照异地改善居民占总居民的20%考虑，当前的北京老城保护更新的投资密度约为3亿/公顷，北京老城平房区总需资金约为7872亿元。

以西城区平房的改善来测算，按照现有平房居民退租政策，需要资金约6000多亿，加上配套的市政基础设施的投资需要上万亿的资金投入，2019年西城区财政预算收入620亿[1]，按照现有模式，区级政府投入资金占20%，需要财政资金投入1200亿左右。如果平房区在完成申请式退租阶段工作后，还需要财政持续的投入，将会是一个巨大负担。城市更新项目，不但没有建筑增量作为资金来源，相反承担着核心区减量的任务，要实现项目自身资金平衡仅依靠传统的"吃瓦片"的模式是行不通的，这种模式投资回收期长，投资回报率低。实施主体需要依托项目的配套政策和所承载的各种资源，立足于经营模式的转变，创新经营思路，探索新的经营模式。如何在财政投入的启动资金支持下，利用配套政策和配套资源取得资金平衡甚至盈利，是一个重要的有研究价值的课题。

四、城市资产运营的原则

1. 关注上位规划，明确运营方向

《北京城市总体规划（2016年—2035年）》《首都功能核心区控制性详细规划（街区层面）（2018年—2035年）》是未来北京老城发展的行动纲领，城市资产运营的方向定位要以这两个纲领性文件为指导。

核心区控规中明确："（在）62.5平方公里的老城范围内，以各类重点文物、文化设施、重要历史场所为带动点，以街道、水系、绿地和文化探访路为纽带，以历史文化街区等成片资源为依托，打造文化魅力场所、文化精品线路、文化精华地区相结合的文化景观网络系统。严守整体保护要求，处理好保护与利用、物质与非物质文化遗产、传承与创新的关系，使老城成为保有古都风貌、弘扬传统文化、具有一流文明风尚的世界级文化典范地区"。这是北京老城的城市资产运营的顶层设计，也是北京老城城市更新和城市资产运营的方向。

2. 统筹好保护和发展的辩证关系

保护和发展一直以来是北京老城前进过程中绕不开的矛盾的两个方面，需要统筹处理好保护与发展之间的辩证关系，发展要以保护为出发点和落脚点，保护是发展的基础，保护是为了更好的发展。"老胡同，现代生活"是保护与发展辩证统一的智慧结晶。在北京老城城市资产运营过程中既要保护与传承老城传统建筑风貌，又要通过城市资产运营不断的提升人居环境，使老胡同的居民能够与时俱进，走进现代生活。

3. 缩短资产运营资金的平衡周期

传统风貌保护、人居环境提升、资金平衡周期，是判断老城保护和城市更新项目是否成功的三个重要指标。老城传统风貌保护是前提，人居环境提升是目的，资金平衡周期是保障，三者缺一不可。《北京城市总体规划（2016年—2035年）》正式实施后，在老城总体保护、平房区不再成片拆除的背景下，由危改转型或新启动的老城保护和城市更新项目的资金平衡周期一般在40年以上，与危改项目或依托奥运会发展成熟的、类似南锣鼓巷的城市资产运营项目的资金平衡周期相比，资金平衡周期大大加长。

1.《关于北京市西城区2019年预算执行情况和2020年预算草案的报告》2020年1月5日北京市西城区第十六届人民代表大会第七次会议。

核心区控规要求"要从严管理旅游秩序，同步减少依附旅游业的一般性商业，历史文化街区要防止过度商业"。同时提出"（北京老城）由吃喝玩乐娱乐游转换为古都文化、红色文化、京味文化、创新文化体验游"，历史文化街区、风貌协调区和其他成片平房区占地规模大，需要持续的资金投入，必须培养独立的造血功能，才能使其达到可持续。

4. 注重"共生院"运营模式的探索和总结

"共生院"是城市走向以人为本的精细化治理的必然产物，是社会进步的体现。"共生院"这一特色城市资产，是北京老城城市更新和资产运营的机遇和挑战（图5-2、图5-3）。

城市资产是立体的、系统的有机体。在城

图5-2　恢复性修建完成后的西砖胡同15号共生院——资料来源：李楠拍摄

（a）西厢房　　　　　　　　　　　　　　　　（b）西厢房

图5-3　永庆胡同17号院——资料来源：李楠拍摄

市资产运营过程中，运营主体借助申请式退租和申请式改善的政策，合理活化利用腾退出来的空间，提升片区整体房屋质量和周边环境。基于空间资源较为零散，探索结合原住民的合院共生模式，达到"居民共生、产住共生、文化共生、新旧共生"的目标。

第二节　城市资产运营案例分析

从北京获得2008年奥运会主办资格以来，北京的城市建设进入了快车道，为了迎接奥运会并抓住北京的发展机遇，树立北京的国际形象，利用北京老城已有的正处于自发生长期的特色街道，发展培育特色商业街，使北京老城的城市资产运营步入了一个快速发展期。这个时期产生的典型的城市资产运营项目，具有非常高的研究价值。

根据北京老城城市资产运营主体的不同，可以将老城城市资产运营模式分为以下三种：

1. 租金数据来源于房屋中介公司或个人在网上发布的房屋租赁信息。

（1）开发运营一体：项目的立项、开发、建设、运营由项目主体一家完成的城市更新资产运营模式。案例：杨梅竹斜街、西砖胡同。

（2）开发运营分开：项目立项主体完成项目的开发后，将可运营资产委托给专业的运营管理公司进行运营的城市更新资产运营模式。案例：前门东区、北京坊。

（3）政府主导开发和运营：从项目前期的资产腾退到资产运营，由政府全面介入的城市更新资产运营模式，案例：南锣鼓巷、什刹海。

根据城市资产运营对象的不同，可以分为重资产运营和轻资产运营两种模式，北京老城的城市资产运营并没有单纯的重资产或轻资产运营项

目，一般是兼具重资产运营和轻资产运营两种模式。所不同的是以两种运营模式产生的经济效益的不同，分为以重资产运营为主的城市资产运营模式和以轻资产为主的城市资产运营模式。

下面通过具体的案例的详细分析，来总结各种城市资产运营模式的经验，以资借鉴。

一、案例1：什刹海片区——烟袋斜街

1. 运营主体：什刹海管理处。

2. 运营模式：政府主导的重资产运营模式。管理主体为什刹海管理处，街区内经营商户以个体为主，含国企和股份公司。

3. 基本情况

烟袋斜街东起地安门外大街，东北西南走向，全长232米。繁盛于清光绪年间，在清末至民国初年，街内以经营旱烟袋、水烟袋等烟具、古玩、书画、裱画、文具及风味小吃、服务行业等为主。2000年由政府投资对烟袋斜街进行环境整治，改造后的烟袋斜街风格古朴，保留了传统的鑫园澡堂、烤肉季等项目，引进了鑫园宾馆、裁缝铺、咖啡馆、手工艺品商店等项目。现在烟袋斜街约有57家商户。

4. 租金水平：2020年烟袋斜街沿街店铺租金在43元/平方米/天左右[1]。

5. 经验借鉴：烟袋斜街自清末注入商业基因以来，就具备了传统商业街巷的一般特点，是老城现存北京老城历史文化街区、风貌协调区及其他成片传统平房区内为数不多的还保留传统胡同肌理和建筑风貌的胡同之一。传统建筑风貌与现代商业的融合与协调是城市资产运营过程中非常值得借鉴的。

二、案例2：南锣鼓巷片区——南锣鼓巷

1. 运营主体：南锣鼓巷管理委员会

2. 运营模式：由政府主导开发和运营，从

项目前期的资产腾退到资产运营，由南锣鼓巷管理委员会主导，政府全面介入的城市更新重资产运营模式。

3．基本情况

南锣鼓巷地区隶属北京城中轴线东侧的交道口地区，是北京老城最古老的街区之一，北起鼓楼东大街，南至地安门东大街，东起交道口南大街，西至地安门外大街，面积0.88平方公里，总人口3.6万人，共有院落873个。1990年，南锣鼓巷地区因其重要的地理位置、规整的胡同肌理、完好的四合院建筑被列入北京市首批25片历史文化保护区。南锣鼓巷地区人口密度接近每平方公里4.1万人，远高于北京老城平均人口密度；地区内有536家小食杂、小餐饮、小旅店等"七小"商户，占区域业态总数的86.59%；2017年全年客流量超过1100万人。南锣鼓巷地区共有房屋1.7万间，面积37.5万平方米。其中，单位自管房占总面积的49.2%；直管公房占总面积的31.8%，私房占总面积的19%。

在"文化强区"发展战略驱动下，东城区将建设南锣鼓巷文化休闲街列入"十一五规划纲要"，南锣鼓巷文化休闲街定位为集商业休闲、文化旅游、艺术品交易、文化创意为一体的特色商街，经营的商铺主要为酒吧、餐饮及工艺品店。北京民俗文化：汉服文化、传统茶艺、变脸、中幡、杂技、老北京传统叫卖等；现代艺术文化：花式调酒、非洲风情舞蹈、先锋音乐、经典话剧等；文化产品的展示：主题明信片、纪念戳、老北京传统小吃、民间艺人现场制作手工艺品以及全国各地创意达人手工艺品。

2006年，南锣鼓巷第一家创意商店开业，在此之前，南锣鼓巷没有商业，最热闹的地方便是中戏对面的菜市场。北京联合大学讲师孙琼对南锣鼓巷东西两侧16条胡同进行了调研，

超过了6成的居民表示旅游开发影响了原本的生活；超过8成的居民认为旅游开发"造成本社区的物价上涨"。[1]2016年经过整治后南锣鼓巷的商家维持在150户左右。

4．租金水平：2006年7.3元/平方米/天；2011年45元/平方米/天；2013年83元/平方米/天年；2020年88元/平方米/天[2]。

5．经验借鉴：南锣鼓巷开始于区域性自主更新的改造，政府介入后，主要进行环卫和市政设施、绿化、胡同和院落的外立面、社区建设、制定保护性政策并向居民和外界宣传等工作。创新直管公房利用方式，由直管公房运营机构介入，协调居民、使用者和购房者。政府是主要推手，各个重要节点都有政府的参与与推动。

三、案例3：国子监片区——五道营胡同

1．运营主体：雍和宫管理委员会。

2．运营模式：政府主导的重资产运营模式。管理主体为管理委员会，街区内经营商户以个体为主。

3．基本情况

五道营胡同东起雍和宫大街，西至安定门内大街，胡同南侧与箭厂胡同相通，北侧经由二条支巷通安定门东大街。全长632米，宽6米，院落77个。五道营胡同是一条由居住为主的胡同自发形成的具有文艺范的商业步行街。2007年，东城区投资1300万余元实施居民改善工程，翻修直管公房院楼38个、房屋331间。同年五道营胡同一家名为"葡萄院"的咖啡吧开业，五道营胡同的商业化历程由此开始。2008年，胡同店铺数量发展到20余家，随着五道营胡同知名度的提升，一些在南锣鼓巷、鼓楼开店的商户开始在五道营开设立分店或新店。2012年，东城区投资1500万余元对胡同进行整体包装和

1. 杜鑫、刘洋、曹玥. 北京南锣鼓巷小门脸扎堆不再唤回老街坊乡愁[N/OL]. 工人日报，[2017-08-22]http://culture.people.com.cn/n1/2017/0821/c172318-29482444.html

2. 租金数据来源于房屋中介公司或个人在网上发布的房屋租赁信息。

形象提升。2017年，五道营胡同店铺数量发展到78家，截至 2020年已有各类店铺总计112家，整条胡同仅剩居民60 余户，有10余家聚集在胡同西段尽端，其余分散在整条商业街中与店铺穿插共生。

4. 租金水平：2010年4.5元/平方米/天（不临街）；2020年15～20元/平方米/天（临街）[1]

5. 经验借鉴：海外资本、民间资本自发汇集。五道营胡同内店主50%以上有海外背景，或为外籍友人，或为归国人士。

四、案例4：北京故宫博物院

1. 运营主体：北京故宫博物院。

2. 运营模式：重资产运营模式+轻资产运营模式。

3. 基本情况

北京故宫博物院的重资产运营主要是指通过对有形资产的修缮和维护，提升参观游览的体验感，来获取门票收入的运营模式，通过有形资产直接获取门票收入。轻资产运营模式是指通过对故宫文化的挖掘，进行文化创新和文创产品研发，来获取销售收入的运营模式，通过无形资产的物化获取收入。

根据公开资料统计[2]，故宫博物院2009年接待游客1182万人次，门票收入约5.6亿元；2010年接待游客1283万人次，门票收入约5.9亿元；2011年接待游客1400万人次，门票收入约6.5亿元；2012年接待游客1534万人次，门票收入约7.1亿元。2015接待游客1592万人次，门票收入约7.4亿元；2016接待游客1602万人次，门票收入约为7.5亿元；2018年接待游客1754万人次，门票收入8亿元；2019年接待游客1933万人次，门票收入约为8.8亿元。

2012年，故宫文创产品的销售额为1.5 亿元左右；2017年故宫文创产品的销售额为15亿元，

互联网访问量是8.91亿，文创产品销售额远超门票收入。

4. 经验借鉴：北京故宫博物院的轻资产运营主要是指通过挖掘有形资产所蕴含的文化资源进行文创产品研发及销售、故宫品牌的输出、故宫模式的输出等。北京故宫博物院不仅珍藏着各种宝贵的有形文物，还是一个文化的宝藏，这些无形的文化宝藏价值的挖掘，正是轻资产运营要做的工作。故宫博物院在轻资产运营方面主要有以下经验可供借鉴[3]：

（1）通过新媒体运营手段，让更多的人可以通过网络来了解故宫产品；

（2）通过参与演出、影视节目、创办故宫学院等提升传播力量，与时代同步发展来让传统文化再一次活起来；

（3）通过文化创意产品的设计，让故宫产品与生活相结合，古文化元素从博物馆走进日常起居，从皇宫内院走向平民百姓家；

（4）拓展文创运营渠道，从自我开发到合作联名再到授权联名等，多种途径拓展文创开发渠道；

（5）拓宽文创经营平台，线下线上多平台经营。2008年，故宫成立了故宫文化创意中心并上线故宫淘宝。2016年上线故宫文创旗舰店、故宫商城、京东旗舰店等销售平台。

发展是以保护为出发点和落脚点，保护是发展的基础，保护是为了更好的发展，故宫将保护与发展进行了有机的融合，达到了辩证统一。2012年以来，故宫博物院的城市资产运营的每一步都紧扣时代主体和脉搏。

五、案例5：大栅栏片区——杨梅竹斜街

1. 运营主体：区属国企。

2. 运营模式：重资产运营模式+轻资产运营模式，开发管理一体。

3．基本情况

杨梅竹斜街长496米，东起煤市街，西到延寿街。杨梅竹斜街项目是于2011年启动的大栅栏更新计划的一部分，项目北起耀武胡同，南至大栅栏西街，西起延寿寺街、桐梓胡同，东至扬威胡同、煤市街，占地面积约8.8公顷，现状腾退涉及460个院落，居民2112户，4861人，单位70人，现状建筑面积75620平方米。截至2014年项目共完成居民腾退640户，疏解人口约1800人，占片区总人口的30%左右。

项目总投资约52.6亿，财政投资约17.35亿，其他所需资金由企业自筹解决。城市更新项目政府的启动资金主要用于前期的居民腾退和房屋修缮、市政基础设施改造及公共空间提升，按照前期规划完成片区的整体提升和居民的全部改善，需要企业通过腾退出来的城市资产运营来筹措资金，以实现最后的资金平衡。单纯的通过有形资产的运营不足以实现项目的资金平衡，必须结合高附加值的无形资产的运营才能尽量缩短资金平衡周期，实现城市更新项目的可持续运营。

重资产运营：杨梅竹斜街项目腾退建筑主要以零售为主，其次是餐饮，零售结合工作室、展示功能也占较大比例。杨梅竹斜街上拥有15家此类的文创、特色小店，多为30～50平方米。老城保护更新项目的重资产主要体现在居民腾退、房屋修缮、市政基础设施改造及公共空间提升，这是保护更新项目进行资产运营的前提，这些前置条件是后续院落出租运营的重要基础，前置条件越完备，项目运营会越顺畅。

轻资产运营：杨梅竹斜街结合区域文化特性，引入了以书店出版、独立文化传播及生活方式新商业为主的文创体验产业。杨梅竹斜街保护修缮试点项目通过自愿式腾退释放出的零散空间，作为活化利用的文化再造试点，初期

以设计师、艺术家为主要力量进驻，通过城市策展、北京国际设计周等跨界平台进行推动，形成了一条浓郁的文化艺术底蕴的杨梅竹斜街。大栅栏更新计划通过持续不断地挖掘在地居民需求及在地文化的价值，2017年之后，一方面对文创产业进行迭代升级，另一方面深入推动文化与社区的有机融合，充分发挥杨梅竹斜街书香街区的历史韵味。

4．经验借鉴：如何让老城复兴形成更良性的循环，不仅是对建筑物等硬件设施进行改造，更要对各种生态环境、文化环境、产业结构、功能业态、社会心理等软环境进行延续与更新，在新时代背景下，杨梅竹斜街街区实施主体、原居民与城市规划师、建筑师、艺术家、设计师以及社会力量共同探索并实践历史文化街区的可持续有机更新，共建、共治、共享的社区生态正在逐渐形成。

沿街商铺、整院是城市更新项目中可以产生高附加值的优质资产。共生院是需要在运营中重点攻克的难关。

六、案例6：前门东区——草厂三至十条及西打磨厂街

1．运营主体：区属国企。

2．运营模式：重资产运营模式；物业的持有者、开发者与后期经营管理的团队分阶段介入，前期工作完成后，由专业的运营管理公司进行运营管理。

3．基本情况

草厂三至十条：草厂三至十条占地约为16公顷，院落总数497个，有居民800多户，涉及17条胡同，总长度约为3500米，胡同狭窄曲折，平均宽度1.5米至4.5米。2003年，前门地区开始紧急排险工作，2005年至2006年大面积居民疏散。目前，前门东区还剩下约3300户居民，超过2/3的

胡同居民搬走。2016年11月，片区引入知名酒店品牌，在区域整体提升品质基础上，利用疏解腾退后的83个院落，进行"精品四合院酒店"经营合作，其中39个院落用于客房，其他的用于会议室、餐厅等公共区域。2017年之后，"精品四合院酒店"项目结合新总规，有所调整。

西打磨厂街：西打磨厂街西起前门大街、东至崇文门外大街，长约800米，形成于明朝，因汇聚石器打磨匠人、店铺而得名。清末民初，这里曾是前门地区著名的四大商业街之一。2015年底，西打磨厂街修缮整治工作启动。通过方案设计、疏解腾退等先期工作，以提升基础设施、保护整体风貌、改善街区环境为基础，对西打磨厂街进行改造提升，先后完成了西打磨厂街及周边8条胡同约2000米雨水、污水、给水、燃气管线改造；电力、通信等架空线入地以及"无煤化"改造和道路工程。改造后的西打磨厂街，街面整洁，利用旧砖建起了文化墙，区域内绿化景观、照明、视觉系统也得到提升。

西打磨厂街在改造过程中以"修缮为主，少量新建，新老结合"为原则，引入集群设计方式，聘请7位国内外知名建筑设计师，选取7处院落，进行建筑修缮和风貌重塑。在招商运营方面，通过引入文化创新、民生服务、科技环保、艺术交流、国际跨界活动等业态，将西打磨厂街打造为以国际创新力驱动的内涵丰富、活力十足、魅力独特的历史街区。

4．经验借鉴

前门历史文化展示区拥有丰厚的传统文化和数量众多的文物建筑，利用这些风貌建筑，保护和传承老北京优秀的地域文化的相关经验是值得学习和借鉴的。

在北京老城历史文化街区、风貌协调区和其他成片平房区，引入国际知名建筑师进行集群设计，提升城市资产品牌价值，以及在新总

规背景下，以恢复性修建为主导的老城风貌保护的实施过程中，设计工作的组织形式、从业者对现存传统建筑的态度，都值得思考。

七、案例7：南锣鼓巷地区——雨儿胡同

1．运营主体：前期：区政府和市属国企；后期：区政府和区属国企。

2．运营模式：前期：重资产运营模式+轻资产运营；后期：重资产运营模式。

3．基本情况

雨儿胡同，呈东西走向，东起南锣鼓巷，西止东不压桥胡同，是南锣鼓巷西侧的8条横胡同之一。2015年8月，雨儿胡同修缮整治项目正式启动，涉及福祥、蓑衣、雨儿、帽儿四条胡同内的662户居民、85个院落。截至2016年12月31日，共接受四条胡同居民的腾退申请470户，涉及院落59个，累计签约407户，占发放申请表户数的61.5%，占四条胡同总户数的22.3%。签约房屋676.5间，建筑面积为10031.05平方米，涉及人口1231人，整院签约12个。腾退补偿费用13.54亿元。腾退房购房款及相关费用7.03亿元。雨儿胡同共有38个院落，其中20多个院落涉及腾退，共腾退100多户居民，现有留驻居民约80户，拆除违法建设房屋160间，建筑面积为1446.1平方米。

雨儿胡同整治提升的总体思路是："一院一方案、一户一设计""整体规划、织补功能，还原规制、精细修缮，修旧如旧、保护风貌，分类施策、改善民生"。设计师和专家们组成8个工作营和顾问组，根据历史街区风貌保护要求和每户居民家中的不同空间特点，为雨儿胡同编制了24套院落的建筑设计方案、公共空间精细化提升方案和排水排污设计方案。为全面保存延续北京老城的历史状况和建筑风貌，制定了专门的管理办法，充分挖掘老材料、老构件的历史价值和实用价值，保留胡同老味道，留

住老北京的记忆和乡愁，让人们在新建筑中感受到古意与传承。经过严格考察，3支具备古建修缮资质的专业队伍，参与了雨儿胡同的整体修缮。腾退后的房屋一部分以公租房的价格租给符合条件的留驻居民，以改善居住环境，一部分作为社区居民公共活动空间，比如雨儿胡同30号的雨儿人家。

4．经验借鉴

（1）2017年新总规出台前

引入市场机制，建立专业化运营平台，推动直管公房运营管理单位改制转企，并与市属大型国有企业组建项目实施主体，引入资金、人才和市场机制。

区政府与市属国企筹建成立合资公司，作为南锣鼓巷地区"保护、整治、复兴"项目的实施主体，推进南锣鼓巷四条胡同修缮整治工作及5处地下停车设施建设。合资公司在前期"自愿申请式腾退"的基础上，充分发挥企业的资金、业务和技术优势，继续突破、创新、探索平房区环境整治、提升居民居住水平的有效路径。

（2）2017年新总规出台后

落实"全面建立老城历史建筑保护修缮长效机制，以原工艺高标准修缮四合院，使老城成为传统营造工艺的传承基地"。探索了高标准恢复性修建四合院的技术路径。

第三节　城市资产运营经验总结及相关建议

一、城市资产运营经验总结

1．北京老城早期的城市资产运营项目一般是投入产出比高的纯商业项目，主要采用商业街的形式。2008年奥运会之后，依托旅游业的发展而兴起的北京老城特色商业街，以传统街巷胡同和建筑为载体，为适应商业对外营业的功能需求，对原有建筑进行翻建或改建，对原有使用功能进行调整，以迎合资产运营项目定位和使用需要。

2．现存的北京老城历史文化街区、风貌协调区及其他成片传统平房区中，具有商业基因的传统街巷非常稀少。形成于清末的老城传统商业街区，大都已经进行了现代化改造。

3．以文化挖掘、文创产品开发为内容的轻资产运营是实现城市更新和资产运营资金平衡的重要手段。麦肯锡对于轻资产运营模式的定义是：在资源有限的形势下，以智力资本的运营为基础，杠杆利用各种资源，从而实现以最低的投入得到最大化的商业运营模式价值的战略管理。轻资产运营是实现老城资金平衡的重要的途径。

4．城市资产运营过程中，要处理好片区居民的关系，尤其是在资产运营过程中以商业和旅游为主要内容的城市资产运营项目。

5．在城市资产运营过程中，无论是轻资产运营还是重资产运营，要避免项目的同质化，根据区域位置、建筑风貌、文化层积的不同走差异化发展的道路。

6．有的城市资产有先天的优势比如故宫博物院，有的城市资产需要根据自身情况深入挖掘潜在价值，通过资源整合、借势、造势来营造城市资产运营的氛围。

7．政策因素是城市资产运营是否能够顺利推进的决定因素。

二、北京老城城市资产运营相关建议

1．制定北京老城城市资产运营顶层设计

老城保护更新项目的资产运营还处于探索

成长阶段，没有成熟的运营模式可供参考借鉴，城市资产运营要在总结国内外现有项目经验教训的基础上，结合新版北京总体规划、核心区控规，制定城市资产运营的顶层设计，以保证城市资产运营沿着正确的道路向前发展。

2．加大轻资产运营的投入力度

老城保护更新项目的运行模式，基本都是采用的兼具轻资产运营与重资产运营的混合模式，从故宫博物院到杨梅竹斜街再到西砖胡同都是一种混合的资产运营模式，依照轻资产运营与重资产运营两者所占运营总收入的比重不同，分为：1）以轻资产运营为主的资产运营模式，比如故宫博物院，文创收入占总收入的比例已经超过60%；2）以重资产运营为主的资产运营模式，比如雨儿胡同，腾退空间主要用于留驻居民改善和社会公益团体入驻。2017年以后，有些保护更新项目开始加大轻资产运营投入力度，谋求通过轻资产运营，提升片区的附加值，给片区的资产运营更多的想象空间，比如前门东区的草厂三至十条和西打磨厂街、大栅栏的杨梅竹斜街和观音寺、法源寺片区的西砖胡同。

轻资产运营不同于重资产运营，培育周期长，不确定因素多，需要持续的投入，人力配置要求高。通过"深入挖掘北京历史文化名城的文化内涵和精神价值，讲好文化遗产背后的故事，活化文化遗产"的长远布局，关注层积的无形城市资产的挖掘和变现，经年累月必有所成。

3．借鉴商业地产轻资产运营发展模式

轻资产相对于重资产模式来说，是一种相对投入少、风险低、折旧率低且利润率高的发展模式。老城保护更新项目轻资产运营还没有形成成熟的模式，在这方面借鉴商业地产上常见的"轻资产"发展模式，城市更新项目轻资产运营发展有如下两种建议发展模式：

（1）品牌、服务管理输出模式

在城市更新运营企业和投资方的合作中负责项目开发的核心业务，包括项目的前期设计、建造、招商、营运、信息系统，以及线上运营平台的搭建等，开发资金全部由投资方出，资产归于投资者，城市更新运营企业与投资方从净租金收益中分成。

（2）物业租赁模式

腾退或租赁的房屋交城市更新运营企业自身的管理团队进行运营，使用自身的品牌，在获得商户租金收入的同时向房屋产权方所有方支付租金，城市更新运营企业所得为收取的商户租金和支付的产权方租金的差额。

4．拓宽城市更新项目资金来源

北京老城历史文化街区、风貌协调区及其他成片传统平房区的城市更新项目资金来源目前有如下几部分：

（1）财政资金，市、区两级政府按照城市更新项目总投资，安排一定比例的财政资金作为项目的启动资金。目前，2017年新总规之后城市更新项目一般政府出资比例为40%。

（2）企业自有资金，由于老城保护更新项目利润率低，资金平衡周期长，涉及居民腾退及房屋修缮操作难度大，参与的企业一般为国有企业，企业自有资金比例不定。

（3）银行贷款，北京老城更新项目是受政府支持的项目，国有银行有相关的配套贷款使用政策，可以根据项目运营情况按照授信额度进行资金提取。

（4）社会资金，通过引入战略投资或合作经营，吸引社会资金参与老城保护更新项目。发挥企业市场融资优势，弥补政府在旧城改造中的资金短板；充分运用系统内土地集约化利用，借助自有土地和项目的资源优势，实现项目资金平衡。

　　除了以上常规的资金筹措方式，城市资产的证券化是未来资金筹措的发展方向之一。2020年4月30日基础设施领域REITs开展试点工作，REITs的试行可以丰富资本市场融资工具，提升企业的资产周转速度，优化企业的资本结构，降低企业的资产负债率，强化轻资产运营能力。目前北京在基础设施和产业园、物流园等产业地产类项目进行首批试点项目，REITs可以实现资产运营的"轻重"分离，城市更新项目可以借鉴这一思路，将城市更新项目打包装入私募基金或者信托基金，城市更新运营企业持有或代持该基金部分股权，另一部分股权则由诸如养老基金、保险基金等机构投资者持有，通过项目的稳定运营及资产升值，实现项目资金平衡。

第四节　西砖胡同试点项目城市资产运营实践

一、情况介绍

　　西砖胡同试点项目（图5-4、图5-5）通过拆建腾退和申请式退租形成的可用于城市资产运营的资产包括重资产和轻资产两部分：

1. 重资产部分

　　西砖胡同试点项目范围内，居民户数约为1104户，房屋1426.5间。建筑面积约为21196平方米。单位产24户，建筑面积约为18833平方米（图5-6）。

　　2007年至2009年危改过程中，腾退居民376户，腾退面积约为6236.28平方米，腾退房屋约

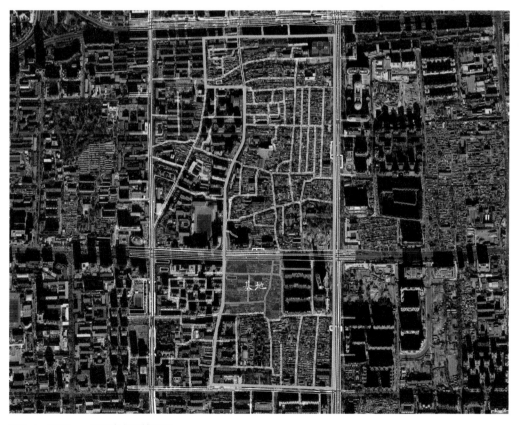

图5-4　宣西——法源寺文化精华区

图5-5　宣西—法源寺文化精华区——资料来源：大栅栏指挥部提供

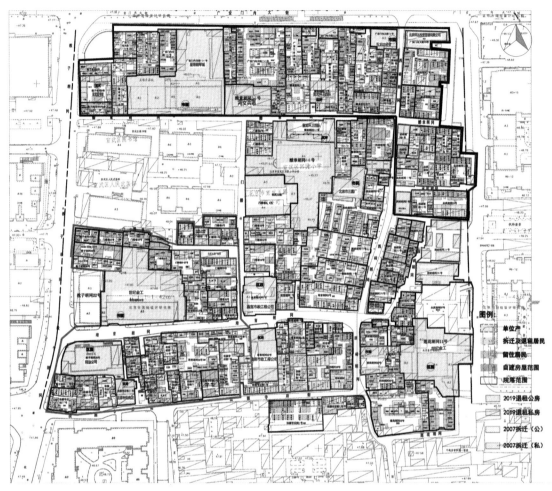

图5-6　菜西地块腾退房屋示意

为401间（不含自建）；腾退单位产5户，腾退面积约8693.8平方米。腾退总面积约为14352.91平方米。

留驻居民户数约为728户，房屋约为990.5间，留驻居民房屋面积约15537.16平方米；其中直管公房约390户，面积约8083.95平方米，房屋560间；私产约289户，面积约6223.32平方米，房屋382间；自管公房约40户，面积约879.61平方米，房屋30.5间；军产约9户，面积约350.28平方米，房屋18间。留驻单位户数约为18户，面积约10140.95平方米。

未腾退总面积约为25678.11平方米。

2019年申请式申请式退租过程中，主动提出退租申请居民279户中，涉及公房232户，4882.55平方米；私房及落私47户，983.49平方米，退租申请总比例为38%。其中直管公房退租占比为60%，私房占比为14.1%。退租总面积约为5866.04平方米。

西砖胡同试点项目范围内，可用于市场化资产运营的总面积为12102.32（不含单位产）平方米，可经营独立院落26个，建筑面积4049.65平方米（测绘）。

2. 轻资产部分

（1）西砖胡同片区所层积的历史文化资产，

尤其是宣南文化中的士人文化和平民文化资产。

（2）自2017年以来，运营主体通过主动转型，并以西砖胡同为载体参与北京设计周所形成的西砖胡同品牌。运营主体通过注册"西砖胡同"商标，不断进行品牌价值的培养和挖掘（图5-7、图5-8）。

（3）2017年新版城市总体规划发布后，作为北京市第一个城市更新和资产运营试点项目所积累的申请式退租、申请式改善、恢复性修建、城市资产运营、平房区物业管理操作经验，和以此为基础总结提炼的"规划可支持、资金可保障、群众可接受"的城市更新和资产运营

图5-7　咖啡杯——资料来源：李楠拍摄

图5-8　西砖胡同品牌LOGO

操作模式。

（4）西砖胡同试点项目范围内组织实施环境整治、基础设施改造提升及公房管理的政府授权。

二、SWOT分析

1．优势

（1）运营主体深耕项目多年，对项目有深刻的了解，对政策有高度的敏感度，对轻资产和重资产有非常强的组织优势；

（2）西砖胡同试点项目位于历史文化保护区之外、文化精华区内，在城市更新和资产运营过程中既有政策利好，在运营过程中又有一定的"灵活度"；

（3）组织实施环境整治、基础设施改造提升及公房管理的政府授权可以有效减少沟通协调的环节。

2．劣势

（1）项目规模小，对所积累的历史文化资产挖掘难度大；

（2）片区内没有先天的商业基因，"双控四降"的前提下旅游资源的开发和商业资源的植入受到严格限制；

（3）保护更新项目前期投入成本高、前期经营利润较低、资金来源单一、运营资金压力大。

3．机会

（1）新总规、核心区控规相继发布，政策进入稳定期，且利好于北京老城历史文化街区、风貌协调区及其他成片传统平房区开展的保护更新项目的资产运营；

（2）试点项目的先发优势；

（3）试点项目积累的经验在陆续开展的老城保护更新项目中的起到了示范作用。

4．威胁

（1）以菜市口西片区模式样板的老城保护更

新项目相继展开,试点项目的先发优势逐渐减弱;

(2)试点项目积累的实操经验的价值随着时间的推移逐渐降低;

(3)老城保护更新项目在资产运营过程中会陷入同质竞争中,渐渐失去对优质资源的吸引力。

三、城市资产运营规划

1．资产运营总体要求

西砖胡同项目作为一级开发遗留转型的试点项目,以城市更新作为业务模式,存在拆迁遗留项目的共性问题:片区无热度、无商业氛围,前期投入成本高、缺乏规模效应,项目前期经营利润较低。项目定位调整后,将创建城市更新运营自生长体系,完善片区社会经济结构,改变区域人群消费结构。

西砖胡同试点项目内的胡同街巷、院落和建筑的尺度相对狭促,历来以居住功能为主,没有商业基因,不适合植入过于商业化、公众化的业态,根据核心区控规"双控四降"的要求,为了避免片区过于商业化,探索研究符合菜市口西片区特色的资产运营方案与理念。西砖胡同试点项目整体业态功能定位将以片区居住属性为重心,以补足居住配套功能为出发点,按照"随建随租随经营""加快收回投资成本"的原则,在保证经济效益的前提下,将文化与商业相结合,更好地实现社会效益及商业价值。西砖胡同试点项目在新总规、核心区控规框架下探索规划、居民、资金都可接受的城市资产运营模式。

西砖胡同试点项目将根据院落及房屋的不同形态,以多业态、多种类、多模式、多客户群体的经营方式推进。结合项目建设的推进,进行活动策划及沟通宣传,文化交流,以宣传带动招商。结合《北京市利用居住区疏解腾退空间补充完善便民商业服务设施的指导意见》,在满足正面清单以及文化精华区要求的前提下选定业态。院落形式较好的作为商会办公、精品四合院等经济利益较高的业态为主,其他零散院落作为综合社区服务、便民超市、书店等便民配套业态为辅,以达到降低人口密度,提升环境品质的目的。

2．资产运营目标

在确保企业保持可持续发展的前提下,社会效益与经济效益并重,深入挖掘文化内涵,还原原生态、原汁原味的老北京市民生活场景,以补足便民服务短板为点缀,最大化获取文化特色商业利益,做真正的城市更新运营商。

3．资产运营规划

西砖胡同试点项目拟计划用五年时间通过建设与经营相结合、分期推进的方式将片区打造成西城区城市更新的示范区。

近期:打造西砖胡同商业氛围,加大宣传策划力度;

中期:通过先行实施街巷的示范效应以及所建立的居民良性互动关系,持续有序实施西砖胡同试点项目街区修补和有机更新,扩大经营招商范围,营造良好的片区商业环境;

远期:通过长效工作机制的建立,真正使整个片区焕发活力。项目将在符合片区文化背景条件下,以重资产持有转变为轻资产运营的方式,全新规划盘活一个片区,完善片区生活配套设施并提升商业活力氛围,由一期少量院子引入标杆业态逐步影响后期院落业态经营方向,提升整体片区商业活力氛围。

(1)重资产运营:业态功能定位遵循通过活力业态精准植入,实现社区多元共生的原则,营造多种活力细胞,通过活力细胞植入的运营策略,为片区增添商业氛围与活力,具体策略如下:

1)谢枋得祠文创办公细胞,以法源寺后街

1号院为模板，为法源寺后街3号院、5号院文物腾退为抓手，结合申请式退租、申请式改善、平移等措施，逐步恢复清末民初江西会馆（附产）院落格局。利用恢复性修缮和恢复性修建后的院落，引入书院、文创办公产业，逐步恢复法源寺后街的活力。

2）西砖胡同会馆文化细胞，以宣传宣南会馆文化为抓手，结合申请式退租、申请式改善、

平移等措施，逐步恢复清末民初处州会馆、深州会馆、琼州会馆院落格局。利用恢复性修缮和恢复性修建后的院落，引入会馆文化产业，逐步恢复西砖胡同的活力。（图5-9、图5-10）

3）宣西莲花艺术细胞，以闲置文保院落莲花寺的利用为契机，结合申请式退租、申请式改善、平移等措施，逐步恢复西砖胡同34号院。利用恢复性修缮和恢复性修建后的院落，引入绘

（a）咖啡馆入口

（b）咖啡馆次入口

（c）咖啡馆内院

图5-9 西砖胡同咖啡馆——资料来源：李楠拍摄

（a）永庆胡同17号院夜景

（b）夜景

图5-10　西砖胡同7号院——资料来源：焦玲波拍摄

画、书法等产业，逐步恢复莲花寺片区的活力（图5-11）。

4）广内大街商业细胞，以织补原广安门内大街沿街界面为目标，利用广安门内大街90号院及周边的现有商业为基点，结合申请式退租、申请式改善、平移等措施。利用恢复性修缮和恢复性修建后的沿街院落，引入配套商业，逐步恢复广安门内大街的活力（图5-12）。

图5-11　西砖胡同34号院鸟瞰图——资料来源：金恒丰公司提供

（a）广安门内大街面包店外部　　　　　　　　　　　　　　　（b）内部

图5-12　广安门内大街面包店——资料来源：李楠拍摄

（2）轻资产运营：实施主体在试点项目开始时就意识到：轻资产的成功运营是老城保护和城市更新项目走出资金困境的决定因素，并在资产运营规划中，将轻资产运营进行了详细的安排，具体策略如下：

1）注册"西砖胡同"商标，并进行商标价值培养和挖掘，以北京文化中心建设和国际交往中心建设为契机，关注国际、国内来京旅游客群伴手礼的开发，借鉴台北故宫和北京故宫的经验，以片区层积深厚的胡同文化为依托，打造爆款的旅游单品，比如四合院模型题材的旅游单品等。

2）挖掘胡同历史、院落历史、口述历史，并以此为基础进行文创产品开发，孵化四合院文化相关公司，通过微博或微信App等自媒体，提高西砖胡同知名度，以此来拓展四合院产业链。通过定期和不定期四合院文化讲座。打通线下和线上营销渠道（图5-13）。

3）搭建宣南文化交流平台、四合院文化交流平台、四合院研究平台。以通过危改腾退、申请式退租完成整院腾退后，按照传统营造工艺恢复性修建后的四合院为物质载体，搭建四合院文化孵化平台，以《北京老城保护更新》《上新了·四合院》等知识产品为载体，搭建四合院文化爱好者社群组织，组织四合院研究学者及研究团体、四合院营造匠人、四合院相关非遗传承人、四合院设计团队等，打造一个集文创产品研发、线下线上销售、四合院文化传播等，集政、产、学、研、用为一体的综合平台，拉长产业链、提高产品附加值、创新经营模式的传统城市资产运营模式。

4）按照政、产、学、研、用一体化的模式，在持续进行北京老城保护更新实践中，通过不断参考、研究和总结探索出成熟的老城保

尊敬的贵宾：

诚挚邀请您莅临9月23~9月30日的北京国际设计周菜西分会场

内容

西砖胡同·复甦计划主题展览

"从院落开始的城市复甦，构建多元共生社区"

时间

2018.09.23 ~ 2018.09.30

9：00 ~ 17：00

地点

北京市西城区西砖胡同

主办单位：北京天叶信恒房地产开发有限公司
承办单位：都市意匠城镇规划设计（北京）中心

图5-13　西砖胡同2018年设计周邀请函——资料来源：沈威提供

护更新模式，《北京老城保护更新——源于西砖胡同的一次探索》就是在这一背景下编写完成的，西砖胡同团队将继续以此为契机，定期推出《北京老城保护和城市更新项目发展研究报告》，持续参与北京设计周，并以此为支点进行品牌推广。

5）总结梳理西砖胡同试点项目经验，开展咨询业务。试点项目是北京市第一个以申请式退租、申请式改善、恢复性修建、城市资产运营为试点的城市更新项目。北京首次成立专

门的"城市更新资产运营管理"公司，从事老城保护更新项目，探索通过城市资产运营实现老城保护更新项目资金平衡。利用试点项目的先发优势及政策创新优势总结的经验和模式，为北京陆续开展的老城保护和城市更新项目，提供咨询服务，在立足自身发展的同时，为北京老城保护和城市更新事业提供更多的参考。

第六章

老城保护更新的建议和展望

第一节　老城保护更新相关建议

一、制度建设层面

1.加强老城保护更新制度建设，推进保护更新顶层设计

北京老城保护更新一直在借鉴国内外保护和更新的经验基础上，探索适合北京老城的保护模式。鉴于保护更新的特殊性，在参考和借鉴过往开展的老城保护更新项目的原则和方向基础上，应该秉承一个项目对应一种策略、因时施策、因地制宜的原则。北京老城保护更新依然处于边干边探索的阶段，针对这一特点，建议加强老城保护更新制度建设，推进老城保护更新顶层设计，并保证政策制度的延续性。

老城保护更新最基础的工作是传统建筑风貌和街巷胡同肌理的保护、延续和恢复。针对非文物建筑，采用恢复性修建和恢复性修缮的策略，在2017年批复实施的北京城市新总规中已经明确提出，并在老城保护更新的从业人员中逐渐建立广泛共识，建议针对老城保护更新制定一揽子政策包，从项目立项、人口疏解腾退、房屋恢复性修建到城市资产运营管理过程中的各个环节，都制定相关的配套政策，使老城保护更新过程中的每一步，都有章可循、有法可依。

老城保护更新项目实施过程中，几乎涉及政府的各个职能部门，建议建立能够协调各个职能部门的长效机制，比如西砖胡同试点项目的工作专班。试点项目工作专班在申请式退租阶段，有效地协调了市区两级各个职能部门，使申请式退租工作得以顺利推进。

老城保护更新工作的流程和制度完善是在城市更新向纵深推进过程中，必须面对的问题，建议在工作流程创新和制度上进行积极的探索

和尝试，西砖胡同试点项目在恢复性修建工作流程中的探索和尝试就非常值得总结推广，试点项目由实施主体聘请规划及设计单位完成规划及典型院落施工图设计，提交西城区土木建筑学会组织的专家评审会评审，并出具评审意见，设计单位根据专家评审意见，修改完善规划设计和恢复性修建设计图纸后，由试点项目工作专班审批，审批通过后，由实施主体按照通过后的设计方案进行实施。片区总体恢复性修建实施完成后，由试点项目工作专班组织主管部门进行验收并办理相关手续。目前项目已经推进到工程建设阶段。恢复性修建的这一工作流程还在不断的总结和完善过程中。

2.梳理房屋权属关系，制定覆盖所有产权的老城保护和城市更新策略

北京老城历史文化街区、风貌协调区及其他成片传统平房区内建筑产权关系复杂，涉及区属直管公房、市属直管公房、单位自管产、私房、宗教产、军产、其他产（港澳台、涉外产、非宅住人、非宅办公、代管产、社团产、经租产、标准租、文革产、敌逆产）、权属不清的、自建房（84年以前的，有证违建、住人自建、自管产权属不清、临建）。

建议按照上述情况详细梳理和分类，制定覆盖所有产权的老城保护更新策略。

3.构建异地改善和在地改善长效机制

老城保护和城市更新模式伴随着城市的发展一直在不断探索前行，有为解决住房难而采取的权宜措施——"接、推、扩"，有以危改和棚改为代表的拆旧建新。时至今日，北京老城进入一个崭新的时空轨道，增量更新已经不再适用北京老城，以保护恢复为主的存量更新，是以后城市更新的主要途径，建立系统的、完善的北京老城保护和城市更新模式，虽任重道远，但需探索前行。

老城保护更新模式应该包含异地改善居民的疏解安置，留驻改善居民的居住环境提升，腾退空间经营利用，总体空间升级改造，资金平衡及盈利模式探索。建议构建异地改善和在地改善长效机制，在核心区（包括东城和西城）这个维度统筹推进居民的在地改善和异地改善。

申请式退租是为异地改善居民住房条件建立的通道，建议在完成以项目为单位的申请式退租之后，打破项目界限，建立核心区统一的申请式退租长效机制，居民在每年规定的窗口期提出退租申请，统一进行退租资格审核，统一安排退租资金和安置房源。通过建立申请式退租长效机制，在统一透明的申请式退租条件下，实现想退尽退、应退早退。

申请式改善是为改善留驻居民住房条件建立的通道，申请式改善遵循"居民自愿、整院实施、一户一册、居民自费、适度改善"的原则，通过建立完善的工作组织、动态的工作机制，设立申请式改善办公室，配置具有专业技术知识的设计师随时解答居民的技术咨询，严格的施工组织，高完成度的产品交付，在统一透明的申请式改善条件下，实现想改尽改、应改尽改。在直管公房申请式改善流程不断完善的基础上，完善申请式改善工作，打通私房、单位自管产等多种产别的房屋申请式改善路径，构建申请式改善长效机制。

4. 推广"一院一档"的院落档案制度

老北京网创办人张巍[1]，在老北京网上发布了他自2000年以来拍摄的700多条胡同的照片，到今天这些照片上的胡同四合院有很大一部分已被拆除，对2000年以后开始研究胡同、四合院的学者来说，这些资料是弥足珍贵的。比如，在仔细研究了大概"老北京网"上发布的近千个四合院老门楼的照片之后，我对四合院的门楼有了新的认识。

20世纪50年代，北京四合院的研究方向创立时，北京四合院是北京老城最普遍的建筑形式，基本保持着清末以来的建筑规模和建筑形态，面对纷繁复杂的四合院研究个体，抽取精华、提炼典型、选取特色的四合院进行研究、总结、归类，是四合院研究得以开展的保证，四合院个体多样性的研究就不是那么急迫。

时间发展到今天这个时点，在城市发展过程中，大量四合院被拆除后，四合院的整体保护和多样性的研究越来越被重视，实际存在的、可供研究的样本的数量和样本原真性，不足以支持四合院多样性和区域差异化的研究，在这种情况下，这些宝贵的影像和文字资料就成为完成这一研究的有力补充。

有鉴于此，建议老城保护更新项目中，在实施每个院落的恢复性修建和恢复性修缮之前，给每个院落建立档案，通过现场调研，文献查阅及资料的梳理，建立"一院一档"的数据管理平台。档案库细致到每一个院落的每一栋建筑，所有的建筑都要拍照存档，并进行系统的分类评估。院落及建筑的历史文化积淀，也要进行深入地挖掘和不断地补充完善。随着建筑的不断织补和更新，数据库里的内容也根据实际情况而实时记录，从而为规划和未来的设计，提供翔实的基础数据和基础资料。

院落档案包括三部分内容：院落的历史、院落的现在、院落的未来。

要深挖历史资料，捋清历史发展脉络，把院落现状资料收集留档，把恢复性修建和修缮方案存档。通过大量的院落档案，留存有价值的历史信息，唤起对老北京的文化记忆，保持院落的生活延续性。为四合院的研究保留尽量多的资料。

在城市更新过程中，人是影响城市更新的主要因素，老城保护更新的专家学者一直呼吁

1. 2000年11月，张巍创立"老北京网"，自称"掌柜"。时至今日，"老北京网"上关于老北京文化的资料，照片有几万张；视频有上千小时，文字资料，包括网友们原创和各类报刊杂志的整合，有上亿字。"老北京网"上整合的这些资料，对老北京文化的保护，是一笔巨大财富。

保留历史文化街区的原住民，从理论上和短期来看，原住民留下可以保留老城社会生活的原真性，问题是谁走谁留下？是鼓励原住民异地改善还是引导原住民留驻改善？哪些居民可以算是原住民？菜市口西片区调研的近300户居民，大部分是20世纪60、70年代单位分房定居此处的，只有部分私房居民世居于此。从大历史观的角度来看，目前急迫要做的是留痕，具体做法就是在落实"一院一档"的院落档案制度的过程中，由实施主体详细记录现有居民的情况和居民对现居院落的口述资料。这是可以留住更多信息的行之有效的做法。这一点在西砖胡同试点项目"一院一档"的实施过程中已经得到印证。

5．制定老城保护更新人才培养及人才储备制度

老城保护和城市更新从业人员主要包括：

（1）负责审批和管理的行政管理人员；

（2）负责项目具体实施的实施主体的相关人员；

（3）规划、建筑、室内、景观灯设计相关人员；

（4）施工建设相关人员；

（5）以学术研究为目的的院校师生。

老城保护和城市更新最核心的工作是传统建筑风貌的保护和延续，这要求从业人员需要不同程度具备一定的专业知识。

加大专业技术人员的培养力度，北京有多所本科院校开设有建筑学专业，都有传统建筑相关课程的设置，大部分院校的传统建筑相关课程，停留在讲建筑史和通过古建测绘临摹建筑图的阶段，针对传统建筑营造需要微观层面的细部构造、中观层面的样式选型、宏观层面的建筑型制和规划布局，相关课程设置还有待加强。

传统建筑的人才培养必须理论和实践相结合，除了理论学习之外，还要有传统的口传心授的建筑营造实践。只有这样才能为北京老城的整体保护，为北京中轴线的整体申遗，为北京营造文化的传承，储备必需的专业人才。

非专业技术人员，尤其是实施主体的相关人员，需要增加专业技术储备，强化内部业务培训。

二、营造技术层面

1．构建正确的、全面的传统建筑营造知识

在四合院的恢复性修建过程中，建议在现有四合院研究的基础上开展再研究，在四合院传统的营造语境中对四合院的营造进行再认知，了解传统四合院什么情况下会进行修建，怎么修建，传统的工时、工序、工种是怎么样的，传统的生活场景是怎么样的，再与现代的生活场景，施工组织、样式选型、设备设施、材料工法进行对比，根据实际使用需求、老城保护风貌要求、文化传承等的具体情况制定恢复性修建方案。厚今薄古或厚古薄今都不是对待老城保护更新审慎科学的态度。

2．传统建筑的设计要重"讲究"，轻"设计"

建议在背景老城内进行建筑设计时，按照传统建筑的讲究和规矩进行设计，减少设计师主观臆造、求新求异的设计。

3．针对老城保护和城市更新项目恢复性修建的特点，对古建施工进行精细化管理

施工总承包是适应现代建筑工程的一种施工组织形式，古建工程执行施工总承包制度后，造成了严重的传统营造技艺流失，古建营造传统工匠断代。建议北京老城四合院恢复性修建和胡同环境景观提升需要具备古建施工经验的单位实施，建议设立准入制度，承接老城保护更新恢复性修建项目的施工单位不仅具有总承

包资质，还要配备有经验的古建设计师、工程师等专业人员，监理公司也必须要具有古建监理资质。关注古建施工人才培养、技艺传承。

4．确保古建施工材料质量和供给

传统建筑的建筑材料都是取材于自然，梁、柱、椽、望的木材需要砍伐树木，台明、柱础的石材需要开山采石，青砖、灰瓦由粘土烧制，占用耕地。在"碳达峰"和"碳中和"背景下，建议采取措施确保古建施工材料质量和供给。

5．鼓励研发适应北京老城风貌的机电产品

传统北京四合院的生活意趣是建立在天、地、人三才之间和谐的基础之上，现代北京四合院的生活意趣，首先是能够享受现代科技带来的生活便利，空调、暖气、上下水等非传统四合院原生的这些设备设施，在保护和发展的逻辑之下，应该有与之配套的产品，当前老城内的这些设备设施是中国传统风貌与国际通用形式的一种硬性拼接，没有协调改进，没有融合创新，这与北京文化中心和科技创新中心的定位不匹配，与四合院精致讲究的生活安排不协调。

建议制定政策，鼓励研发适应老城风貌的现代机电产品，尤其是空调、变配电箱、厨卫设备，并在北京老城内进行推广。

三、工作组织层面

1．强化实施主体组织构架搭建，提升实施主体工作组织能力

根据北京市相关文件要求，"实施主体可为片区的经营管理单位，也可为直接委托或通过公开竞争方式选择的资金实力强、信用等级高、组织实施能力强的社会单位"。北京老城历史文化街区、风貌协调区及其他成片传统平房区从事老城保护更新的实施主体目前有由房管局授权委托经营的区属国企，房屋管理单位的下属单位，从事一级开发的区属国企，房屋管理单位与区属其他企业组成的合资公司四种类型。

2．打破项目壁垒，搭建老城保护更新项目交流平台，定期发布老城保护更新项目研究报告

北京的老城保护更新项目之间壁垒高筑，项目之间不能有效的共享信息、资源和技术。由于各个实施主体在申请式退租、申请式改善、恢复性修建、人居环境提升、物业管理、城市资产运营等老城保护更新等模块的各有优势，项目之间的壁垒导致各个项目资源和技术不能被最大化利用，形成浪费。

建议在制度设计上鼓励进行跨项目合作，通过一定的激励机制，把老城区的保护更新项目链接起来，鼓励各个项目之间相互配合，形成合力。

四、学术研究层面

1．在北京胡同、四合院丰硕研究成果基础上，持续开展四合院理论研究

自20世纪中叶四合院的理论研究体系创立以来，北京四合院学术专著对四合院的历史、营造、文化进行了详细的研究。在当时的研究背景下，北京四合院是北京老城最普遍的建筑形式，基本保持着清末以来的建筑规模和建筑形态，面对纷繁复杂的四合院研究个体，研究是以抽取精华、提炼典型、选取特色的四合院进行研究、总结、归类为基础的。时至今日，在城市发展过程中，大量四合院已经被拆除，实际存在的、可供研究的样本的数量和样本原真性，越来越不足以支持四合院多样性和区域差异化的研究，我们要保存建筑历史信息的原真性不仅仅是建筑实物的原真性，还有其所承载的建筑文化的原真性。

建议在北京胡同、四合院丰硕研究成果基础上，持续开展四合院理论研究。结合现存传统四合院实物案例及现有的丰硕的研究成果，在收集、整理、解读散见于明史、清史稿、明实录、清实录、明会典、清会典、明清文人笔记、明清风水术书等史料的相关资料，重新审视四合院的发展源流、营造文化。只有知其然亦知其所以然，才能在老城保护更新的设计管理、施工管理、经营管理中更好的保护老城风貌，才能对老城保护更新有更深刻的认知。

2．结合老城保护更新项目实践开展细分研究

北京老城的保护和更新不仅要靠理论体系的不断深入研究和保护更新理念的不断进步，还需要深入到一个个具体问题里面，去探寻一个个在地的独特解决方案。就像菊儿胡同的有机更新，白塔寺的渐进式更新，前门东区的集群式更新都是适时适势的市更新模式的探索。

3．根据老城整体保护要求建立院落价值评价体系

在老城总体保护的背景下，每条胡同、每个院落、每座建筑都有他们独特的价值，应该通过价值挖掘来为胡同、院子、房子的保存、保护、利用赋能。不能仅以现存的完整程度作为评判其价值的唯一标准。

建议根据老城整体保护要求建立动态的、多角度的院落价值评价体系，评价标准包含但不限于以下几个方面：

（1）院落格局、风貌保存的完好程度；

（2）历史发展脉络的清晰程度；

（3）文化层积的厚度及广度。

4．构建政、产、学、研、用一体的老城保护更新协同体系

政、产、学、研、用是指政府、企业、科研院所及高等学校、使用端之间的合作。建立政府为政策平台搭建方，企业为需求方，科研院所或高等学校为供给方，使用端用户为产品消费方的体系，促进老城保护和城市更新所需各种要素的有效组合。

建议构建政、产、学、研、用一体的老城保护更新协同体系，政府、企业、学校、科研机构、用户等相互配合，发挥各自优势，形成强大的平台搭建、研究、开发、生产、应用一体化的先进系统，并在运行过程中体现出综合优势。

五、资金筹措层面

城市更新项目资金仅靠财政资金的投入是不足以维系的，需要通过多方筹措，逐渐减少财政资金的投入。

建议在现有财政资金、企业自有资金、银行贷款、社会资金筹措等来源的基础上，研究通过城市资产的证券化，来筹措老城保护更新资金的可行性。建议提升资金使用集中度，成立用于北京老城的保护更新项目专项资金池。

第二节　老城保护更新前景展望

一、文化中心建设层面

北京老城文脉底蕴深厚、文化资源集聚的优势，在发挥老城凝聚荟萃、辐射带动、创新引领、传播交流和服务保障作用的过程中得到充分的挖掘和利用，北京老城成为社会主义物质文明与精神文明协调发展的典范，传统文化与现代文明交相辉映，历史文脉与时尚创意相得益彰，具有高度包容性和亲和力，充满人文

关怀、人文风采和文化魅力。

通过对本民族优秀且积淀深厚的文化深入认知和了解，形成源自心底的文化自信，促进北京老城文化与时俱进的发展与传承。就建筑文化而言，从中国传统建筑中总结归纳出适时的建筑理论和设计营造方法，形成基于传统的、本土的建筑理论体系和建筑教育体系。在对民族文化源自内心的自信基础上，不断地以更加包容的态度吸收多元文化，驱动自身文化不断地发展。利用现代的传播媒介，解决传统建筑文化由于传播媒介的限制和语言环境的更迭所产生的局限，通过新的传播媒介，让更多的人可以根据兴趣爱好了解和学习传统建筑知识。

通过文化中心建设，北京老城软实力得到强化，并与北京老城保护与发展所需的其他因素形成合力，使北京老城风貌得到更好的保护与传承；人居环境得到彻底改善，实现"老胡同，现代生活"；形成成熟的城市资产运营模式，轻资产运营对资金平衡的作用凸显。

二、老城风貌保护层面

以小规模、渐进式、微循环为保护更新原则，通过恢复性修建，最大限度留存有价值的历史信息。挖掘延续北京城市发展脉络，使北京老城各时期具有代表性的发展印记最大限度得以保留。有文化底蕴、有活力的历史场所得到挖掘，老北京的文化记忆重新唤起，历史文化街区的生活延续性得到保持。

北京老城内的平房建筑风貌得到整体保护，通过建立系统的评估体系，修缮、审批、维护制度。

名人故居是文化的载体，普通民居也是文化的载体。文物建筑保护体系保护精英文化，老城的整体保护使传统的中国自下而上的大众文化的载体——普通的民居院落得到全面保护和延续。

三、人居环境改善层面

通过街巷胡同公共空间绿化景观提升、市政设施与无障碍设施改造、标识与牌匾的整理、建筑外挂设施引导控制，实现胡同公共空间的人居环境改善，"提供更多可休憩、可交往、有文化内涵的公共空间，恢复具有老北京味的街巷胡同，发展街巷文化。进一步挖掘有文化底蕴、有活力的历史场所，重新唤起对老北京的文化记忆，保持历史文化街区的生活延续性"。

根据不同院落的现状和功能定位，院落及居住空间环境逐步改善。借助申请式退租和申请式改善的政策，腾退出来的空间得到合理活化利用，片区整体房屋质量和周边环境得到提升。结合原住民的合院共生模式，使较为零散的空间资源得到有效利用，达到"居民共生""产住共生""文化共生""新旧共生"的目标。

四、城市资产运营层面

在核心区62.5平方公里的老城范围内，建立以各类重点文物、文化设施、重要历史场所为带动点，以街道、水系、绿地和文化探访路为纽带，以历史文化街区等成片资源为依托，打造文化魅力场所、文化精品线路、文化精华地区相结合的文化景观网络系统。严守整体保护要求，处理好保护与利用、物质与非物质文化遗产、传承与创新的关系。统筹处理保护与发展之间的辩证关系，发展以保护为出发点和落脚点，保护是发展的基础，保护是为了更好的发展。

"老胡同，现代生活"是保护与发展辩证统一的智慧结晶。在北京老城城市资产运营过程中既保护与传承老城传统建筑风貌，又通过城市资产运营不断地提升人居环境，使老胡同的居民与时俱进，走进现代生活。

附录1：申请式退租项目评分决策模型

申请式退租项目评分决策模型

指标体系	西砖胡同试点项目情况	菜西试算	指标权重	建议评价标准		
一、核心指标（50%）						
1．是否为拆迁遗留片区	2009年拆迁停滞，拆迁户数比例25%	65	15%	腾退50%以上为80～100分	腾退20%–50%为60～80分	腾退低于20%为60分以下
2．对接房源位置	紧邻南四环（外）	95	15%	四环至五环为80～100分	五环至六环为60～80分	六环外为60分以下
3．户均面积	户均面积15平方米	90	10%	户均面积15平方米以下为80～100分	户均面积15～20平方米为60～80分	户均面积20平方米以上为60分以下
4．建筑破损度	房屋状况差无三四类房屋大于20%	95	10%	房屋状况差无三四类房屋大于20%为80～100分	房屋状况一般三四类房屋小于20%为80～100分	房屋状况良好无三四类房屋为60分以下
二、规划类指标（10%）						
1．一刻钟社区服务圈覆盖率	80%	91	2%	覆盖率70%以上为80～100分	覆盖率50%以上为60～80分	覆盖率低于50%为60分以下
2．公园绿地500米服务半径覆盖	67.2%	91	1%	覆盖率60%以上为80～100分	覆盖率40%以上为60～80分	覆盖率低于50%为60分以下
3．人口密度	1.5（万人/平方公里）	100	5%	人口密度1.5万人/平方公里以上为80～100分	人口密度1.4万人/平方公里以上为60～80分	人口密度低于1.2万人/平方公里为60分以下
4．职住建筑比例	1：0.79	100	2%	职住比例1：1.3以上为80～100分	职住比例1：1.5以上为60～80分	职住比例低于1：2为60分以下
三、经济类指标（20%）						
1．低成本拆迁面积比例	拆迁面积总计14925.74平方米，其中居民房屋拆迁面积：6273.94平方米，单位产拆迁面积：8651.8平方米，占片区总建筑面积的28%	60	10%	低成本占比40%以上为80～100分	低成本占比20～30%以上为60～80分	低成本占比20%以下为60分以下
2．租售比（市场租金/评估价）	1:688（位于南二环内，起始租金价格均价6元/建筑平方米，标准房屋市场价格均价为12.39万元）	60	5%	租售比高于1：500为80～100分	租售比低于1：500为60～80分	租售比低于1：600为60分以下
3．政府注资比例	政府注资40%作为启动资金，贷款额度预计为40%，剩余资金来源为项目收入	60	5%	退租成本占政府注资比例60%以下为80～100分	退租成本占政府注资比列60%～80%为70～80分	退租成本占政府注资比列80%以上为70分以下

续表

指标体系	西砖胡同试点项目情况	菜西试算	指标权重	建议评价标准		
四、居民类指标（10%）						
1．退租意愿比例	一般	60	4%	强烈90分；一般60分；冷淡30分		
2．空挂户比例	一般	60	4%	简单90分；一般60分；复杂30分		
3．老龄化比例	60%	90	2%	老龄化比例50%以上为80～100分	老龄化比例40%～50%以上为60～80分	老龄化比例低于40%为60分以下
五、房屋类指标（10%）						
1．公私比例	直管公房59%，私房41%	90	2%	公私比例50%以上为80～100分	公私比例45%～50%以上为60～80分	公私比例低于45%为60分以下
2．自建房比例（自建房：正式房）	100%	60	1%	自建房比例50%以下为80～100分	自建房比例50%～100%为60～80分	自建房比例100%以上为60分以下
2．空置比例	2%	62	1%	空置比例1%以下为80～100分	空置比例1%～10%为60～80分	空置比例10%以上为60分以下
3．转租转借比例	20%	70	1%	转租转借比例10%以下为80～100分	转租转借比例0%～30%为60～80分	转租转借比例高于30%为60分以下
4．对接房源户型	二居室为主、一居为辅	90	4%	户型多样且合理为80～100分	户型单一、合理为60～80分	户型单一为60分以下
5．共有产权比例（居民产权比例）	45%	85	1%	居民产权比例占40%～60%为80～100分	居民产权比例高于60%或低于40%为60分一下	——
合计分数						

附录2：院落调研情况统计表

院落基本情况

调研时间：＿＿＿＿＿＿＿年＿＿＿＿＿＿＿月＿＿＿＿＿＿＿日

房屋性质：＿＿＿＿＿＿＿＿＿＿＿＿＿＿＿＿＿＿＿＿＿＿＿＿＿＿＿＿＿＿＿＿

房屋坐落：＿＿＿＿＿＿＿文化精华区＿＿＿＿＿＿＿胡同＿＿＿＿＿＿＿号院

　　　　　坐＿＿＿＿＿朝＿＿＿＿＿；＿＿＿＿＿宅＿＿＿＿＿门

院落格局：＿＿＿＿＿进＿＿＿＿＿路

　　　　正房＿＿＿＿＿间；正耳房＿＿＿＿＿间；东厢房＿＿＿＿＿间；东厢耳房＿＿＿＿＿间；

　　　　倒座房＿＿＿＿＿间；大　门＿＿＿＿＿间；其他：＿＿＿＿＿＿＿＿＿＿

建筑详细情况

院落大门：入口形式：＿＿＿＿＿＿＿＿＿＿大门油饰：＿＿＿＿＿＿＿＿＿＿

　　　　门簪：＿＿＿＿＿＿＿门联：＿＿＿＿＿＿＿屋顶形式：＿＿＿＿＿＿＿

　　　　腿子：＿＿＿＿＿＿＿墀头：＿＿＿＿＿＿＿山尖形式：＿＿＿＿＿＿＿

　　　　门墩：＿＿＿＿＿＿＿砖雕：＿＿＿＿＿＿＿台阶：＿＿＿＿＿＿＿

　　　　影壁：＿＿＿＿＿＿＿其他：＿＿＿＿＿＿＿

正　　房：屋顶形式：＿＿＿＿＿＿＿山尖形式：＿＿＿＿＿＿＿后檐形式：＿＿＿＿＿＿＿

　　　　油饰：＿＿＿＿＿＿＿其他：＿＿＿＿＿＿＿

厢　　房：屋顶形式：＿＿＿＿＿＿＿山尖形式：＿＿＿＿＿＿＿后檐形式：＿＿＿＿＿＿＿

　　　　油饰：＿＿＿＿＿＿＿其他：＿＿＿＿＿＿＿

倒　　座：屋顶形式：＿＿＿＿＿＿＿形式：＿＿＿＿＿＿＿后檐形式：＿＿＿＿＿＿＿

　　　　油饰：＿＿＿＿＿＿＿其他：＿＿＿＿＿＿＿

院落价值描述

附录3：说说西砖胡同的故事

说说西砖胡同的故事

韩凤秋[1]

1. 编者注：韩凤秋，西砖胡同15号院居民，20世纪50年代就移居于此，2019年通过申请式退租，已经迁居合顺家园小区。

说起西砖胡同的历史故事，对于我这个在此居住过七十来年的老住户来说，真是有说不完的话题。

西砖胡同在北京数千条胡同中一点也不起眼，但在北京的城市发展史上，也有着悠久的历史。从目前出版的众多北京城市发展史的书籍中，仍可以发现西砖胡同的历史端倪。

现在西砖胡同北口矗立着一座辽安东门故址碑。1993年，改扩建广安门内大街时，在烂漫胡同北口，我曾见到过一座城门地基遗址，它应该是辽代安东门地下城门地基遗址。该遗址是一条东西长约四、五十米的砖墙，高约三、四米，上部离地面约十米，下面还没露底。当时我问施工人员，他说是挖出来的，不是新砌的。我认为这是辽代南京城的安东门城门的基础。

明朝时，西砖胡同叫砖儿胡同。砖儿胡同叫法来源有两个：一说这里曾烧过砖；另一说法是胡同南端有法源寺前的砖塔，故而叫砖儿胡同。牛街叫礼拜寺街，烂漫胡同叫烂面胡同，莲花胡同叫史家胡同。明朝时，我们这一地区属宣南坊。《京师五城坊巷胡同集》（[明]张爵著），此书作于明嘉靖三十九年（公元1560年）。此书第一十七页写到：宣南坊 果子巷、半截胡同、教子胡同、烂面胡同、甋（砖）儿胡同、悯忠寺等。甋（砖）儿胡同就是咱们现在的西砖胡同。如果从明嘉靖三十九年（公元1560年）算起，西砖胡同至今也有458年的历史了。其实，西砖胡同的历史可能更早，只是还没查到这方面的文字资料。

2007年，西砖胡同危房改造，陆续有三分之一房屋拆除，但是大部分房屋还是保留下来了，现西砖胡同整体面貌还算完整。

目前，枫桦社区和法源寺社区两个社区胡同状况：北半截胡同拆除了；烂缦胡同北段拆除了；醋章胡同东头拆除了；教子胡同北段只留东面，其他拆除了；门楼胡同、后坑胡同，合并为门楼巷；簪儿胡同改叫培育胡同；箭杆胡同、七圣庙合并，今叫永庆胡同，永庆胡同也部分拆除了；莲花寺湾改叫莲花胡同，部分拆除；七井胡同、九间房合并叫七井胡同；龙凤坑拆除，其东侧为法源里；大井胡同现叫天景胡同；法源寺前街南侧拆除了，现改成了大花园。

广安门大街发展到现代，是原宣武区中最重要的东西轴线。同样牛街也是牛街地区的南北轴路，那么西砖胡同也是现今枫桦社区和法源寺社区成片胡同里的南北主干路。西砖胡同两侧的胡同就是西砖胡同的支脉。

现在回忆起我在西砖胡同生活经历，也是感情激荡，思绪万千！先说我家住过的十五号（旧门牌五号），曾经是河北省深县会馆，河北省的深县是一个大县，所以历史上也多次称为州，现在叫深州市。老人们还是称深县会馆叫深州会馆。会馆在北京发展史上曾有过重要的作用，会馆起源于明朝，兴盛于清朝。会馆最初是进京赶考的学子们聚会居住的地方。我们现在仍然可以想象，那时每三年一次会考的热闹场面，真是各地来京的人才摩肩接踵汇聚一堂！他们之中必会涌现出众多的国家栋梁！后来清光绪末年期间废除了科举制度，会馆的作用也随之改变。清末民初工商行会大量出现，这些形形色色、大大小小工商行会大部分都在会馆里聚居活动的。比如我们院子的河北省深县会馆，在宣南会馆资料中可以查到当年的行会制度、房屋使用契约、负责人名单等。再后来因各地的工商行会逐渐被国家的工商行会所取代，会馆的作用再次淡化了，但会馆仍由居住在这里的乡亲们管理着。比如我们这个院子，只能是河北深县老乡免费居住，屋内的家具被褥免费使用。我的长辈们就是这样住进这个院子的。当然随着时代的变迁，房屋年久失修，又无正式人员管理，房管部门接收会馆房产为直管公房，房屋得到了维护修缮。

我从小就住在这个院子里，至今也七十来年了，因此对这个院子的变迁记忆犹新。深县会馆占地约一亩。是一个典型的三进院的四合院。因为胡同走向是南北，所以院子大门坐西朝东，进院后的西房为正房。那时前院除正房五间外，还有五间东屋，和正房五间相对。东屋中间的一间为大门道，大门为木门。大门是俗称的"蛮子门"，门柱前是一对石门墩。前院还有北房两间，南方两间，北房的东墙和南房的东墙相连有一道木栅栏，木栅栏中间有一道木门，关上这道木门，前院更显得十分严密。木栅栏外和东屋之间的小院南边还有一颗大槐树，树直径约有两个人的环抱粗，因它处在前院东南角，所以在夏天好比一张大伞，为我们遮阴纳凉。木栅栏门外小院往北走到头，再折向西就是去中院和后院的夹道了。木栅栏门里有一个自来水管，这是全院唯一的水管。在夏天，水管周围摆放了许多花盆，各家屋前都也种些花花草草。由前院北房北侧的夹道来到中院又是西房五间，这五间西房和前院五间西房相对应，一样宽窄，一样大小。中院依然还有北房两间，南房两间。中院内在夏天也种植了不少的花卉。到后院去还要绕中院西房北侧的夹道，这个夹道北侧是临院西砖胡同13号（旧门牌4号，海南琼州会馆），夹道上方有房顶，是和北院的房子连脊的，过了这条夹道就来到后院了。同样我们前院的西房和北院的西房也是连脊的，这说明我们院子和北面的会馆，也许是同时建的，因为和我们院子的建筑形式大体相同。我们后院的面积和中院相仿。后院是西房四间，这四间西房紧靠北头，大约占了院子南北长的二分之一。这后院显得空旷了许多，在后院的西南角是两间男女小厕所。院的东面有三颗大杨树。院子中间空地多，所以春夏秋期间种的花草、蔬菜、瓜果比前院、中院多了不少。后面院子的地面比前院、中院高出半米。后院南面有一道女儿墙，墙外既是南面的十七号（旧6号）浙江处州会馆，这个会馆房屋建筑和我们院大同小异。以上院落的情况是我三、四岁时的记忆。这个记忆可以说是这个院子比较原味的、比较全面的记忆了。现在这个院子随着岁月的变迁，只有前院的五间西房、中院的五间西房是原有的房子了，其他房子就都是后建或者改建的了。

我们北面的院子是海南琼州会馆。这个院子面积大小和我们的院子相仿，也是三进院子，而且他们前院和中院的西房和我们院子西房还是连脊房，这就形成我院的北夹道上面还有了房顶。我小的时候觉得挺好玩的，现在想起来这两个院子很可能是同时设计、同时施工的。"文革"以后琼州会馆逐渐改成了福利工厂，房屋随拆随改，再也看不到琼州会馆的模样了。

我们南面的院子西砖胡同17号（旧6号）是浙江处州会馆，它的大门很宽大，也是蛮子门，现在门楣板下部还有两个木托，估计木托原来托着个大门匾，大门匾上书写着浙江处州会馆。过去文人墨客、金石画家常常会聚在浙江处州会馆的"宣南画社"，这里曾活跃着一位著名画家陈师曾（1876年—1923年）。正是他在1915年，曾绘制完成了具有划时代意义的《北京风俗图》，其中大部分人物取自陈师曾到"宣南画社"活动途中所见所闻。他的朋友金城特地题写"宣南风采"以示说明。在这段时光里，陈师曾作为一个地道的南方人，开始真正地熟悉北京，深入到老北京的生活之中，并广泛结交各界朋友，为日后在画业上新的发展奠定了基础。中国美术馆在2016年11月11日至12月20日，为此举办过陈师曾"典藏活化"系列展：《朽者不朽》中国画走向现代的先行者——陈师曾诞辰140周年特展。陈师曾拜清末明初大画家吴昌硕（1844年—1927年）为师，从此书画大为长进，作品丰富。陈师曾还收徒齐白石，只可惜陈师曾英年早逝，去世时年仅47岁。中国美术馆《朽者不朽》展览时观众如云，一些观众还拿着陈师曾在画社的照片，兴致勃勃地来西砖胡同寻找陈师曾的活动遗迹。西砖胡同17号，浙江处州会馆院子的建制和我们的院子相仿，也是三进四合院子，只是院子的通道建在院子的南部。西砖胡同13号、15号、17号三个院子都是会馆，又是相邻在一起。我家居住在中间这个院，我又经常去左右两个院玩耍，所以对这三个院记忆犹新。

　　以上是我对西砖胡同零零碎碎的回忆，很不全面，错误也难免，就先写到这里吧，还请大家多提宝贵意见！

2018年6月

附图两张

这张四合院大门图和原深县会馆大门比较相似

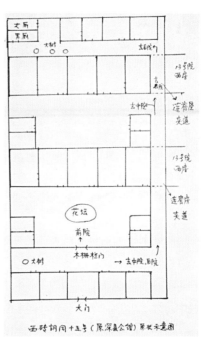

深县会馆原状平面示意图

附录4：关于四合院的一些经验和看法

关于四合院的一些经验和看法

周怀林[1]

1. 周怀林，河北省香河县安平镇周庄村人，自幼出身匠作世家，乃清时"兴隆门"掌门周堂第五世孙，对中国南北古建有广泛的研究，近些年也设计了不少作品，现为"清华华清安地设计规划院"中国全院长处古建顾问，同时为原"中诚国合设计院"范长丽院长处古建顾问，在研究古建方面有独特的见解。

北京四合院有着悠久的历史，有着完整模数制式，在修复时应具有传统知识文化，以及建筑中的典故，比如说四合院用材的忌讳，尺寸多为单数，不为双数，因为国人认为奇单数为吉，偶数为凶。四合院的建造也是多种多样的，有一进院，有二进院、也有三～四进院等，在四合院设计施工时，一般是以北为上依此南推，在正房方面，四合院带有抄手游廊的一般多为三间两耳，厢带录顶，连廊相连到垂花门，即为外院及倒房，撺位没门道，（二进院）一进院一般没有耳房或三间正房或五间正房，而后为两侧厢房，但是不论几进院，房与房之间是有落差的，以正房为单，东厢房与正房的落差，一般在1～2寸之间，东厢房与西厢房同样在1～2寸之间，到垂花门至倒房同样此落差。因为这样的落差是给院落的自然排水创造条件。

在忌讳中应注意使用，"倒柱、燕檩、孤柁、单椽子（单数椽子）"在做椽子时应注意，公榫、母卯的朝向，应为"公东母西"也就是说"公榫朝东，母卯朝西"。

檩的用材应按树木的纹理头部朝东根部朝西，但最西侧一间要掉头，也就是传统中"阴根阳头"的由来。但是还要注意一点就是，檩与檩之间不能"双卯银绽交"这在传统四合院是一大忌，叫作"二女争夫"。

传统四合院的各部数据，多为单数，柱子一般在七尺五至八尺七之间，柁一般在一丈四尺五至一丈六尺五或一丈七尺五之间；檩明间一般在一丈一尺五至一丈三尺五之间，次间、稍间、尽间。一般在七尺一至八尺七之间，但均无双数，只有排檐椽时为双数。

四合院部局是依据占地面积的大小来决定是三合院还是四合院，以及二进、四进四合院。四合院的断火墙是依据柱子高来决定的，断火墙高不可超过正房梢子下口高。

四合院在传统中有，满装秀，半装秀等之分。但是现实社会中因财力的充实，多建满装秀，半装秀及其他的建筑形式以不多见。

总之，在恢复传统四合院时，应做到对原保留建筑实测实量，并用现在所用米尺换算营造尺的尺寸进行分析各部的构件关系比例等。因为现实的四合院的尺寸比例与现行专业书籍的比例有不少的差距和出入。最好以实际测量数据恢复原建筑，才能达到初始的效果。如果按现行的书籍照搬，将使原建筑走样，给世人观之不顺眼的感觉。

在西砖片区，四合院恢复应保留原建筑的文化内涵，如门道中的山花象眼有阴刻花纹（如万字不到头、立体方块、墨线花卉等），还有望砖、望瓦的做法都应保留，不应一概使用木望板，给后人留下一点回忆，作为设计者更应该注意这一点，留下传统就是留下了道德的底线。

2020年3月27日同仁林师傅赠

门诀

凡人造门用依法（尺法）

财字：财木土 第一个字。1寸到1寸寸

　　财门开之多进财，长命荣华富贵来。

　　万事和谐习礼仪，一定生财万祥开。

病字：病土 第二个字。1寸到川上寸

　　病门开者主招灾，人主动土家退败。

　　定十儿孙妻子损，免灾开来别门当。

离字：离土 第三个字。1寸到8×寸

　　离门开者生分离，男人做事不圆包（器）。

　　夫妻终须分拆散，更因婚事闷哀哀。

义字：义土 第四个字。1寸到二川寸

　　义门开者出孝义，荣耀门庭多喜庆。

　　须应状元从此过，好事昌顺五福至。

官字：官金 第五个字。1寸到 对

　　官字开者进加官，仕门之达六来欢。

　　利益添丁生贵子，人连日日报平安。

劫字：劫火 第六个字。1寸到 10二寸尺

　　劫门开者定遭劫，段打仿死去回业。

　　宅舍家灾妻产危，即意公事不能结。

害字：害火 第七个字。1寸到 1二×尺

　　害门开者招灾害，相斗阴段遭退败。

　　公事重重人命然，万项家财皆毁败。

本字：本金 第八个字。1寸到 1××尺

　　本门开者主灵通，财宝珍珠美在中。

　　子孙荣昌习礼仪，家庭富足福兴隆。

举例：

　　如门高二×尺，义字，配门阔川二尺，

　　排本字。

　　门高二川尺，排本字，配门阔川二尺，排义字。

1. 照片拍摄于2007
年–2009年之间

附录5：一般宅门实例（1）[1]

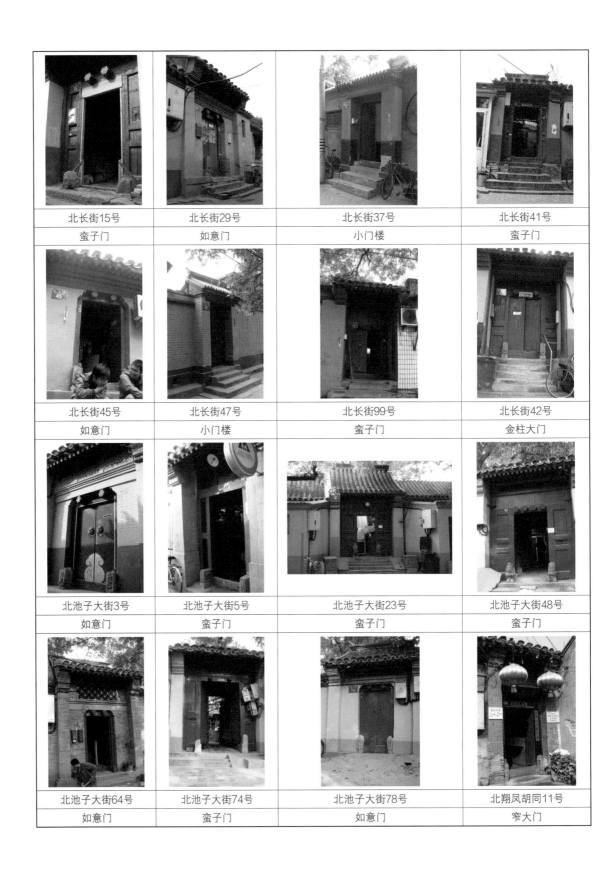

北长街15号	北长街29号	北长街37号	北长街41号
蛮子门	如意门	小门楼	蛮子门
北长街45号	北长街47号	北长街99号	北长街42号
如意门	小门楼	蛮子门	金柱大门
北池子大街3号	北池子大街5号	北池子大街23号	北池子大街48号
如意门	蛮子门	蛮子门	蛮子门
北池子大街64号	北池子大街74号	北池子大街78号	北翔凤胡同11号
如意门	蛮子门	如意门	窄大门

续表

北翔凤胡同13号	草厂横胡同33号	草厂十条3号	草厂十条5号
窄大门	如意门	如意门	如意门
长巷二条2号	长巷二条3号	长巷二条4号	长巷二条5号
如意门	窄大门	窄大门	窄大门
长巷二条9号	长巷二条15号	长巷二条20号	长巷二条22号
如意门	如意门	如意门	如意门
长巷二条26号	长巷二条35号	长巷二条36号	长巷二条W1号
一	窄大门	如意门	窄大门

续表

长巷二条W2号	长巷三条2号	长巷三条5号	长巷三条11号
窄大门	—	窄大门	窄大门
长巷三条18号	长巷三条20号	长巷三条22号	长巷三条26号
窄大门	如意门	如意门	—
长巷三条28号	长巷三条43号	长巷三条48号	长巷三条52号
如意门	窄大门	窄大门	窄大门
长巷三条56号	长巷四条5号	长巷四条16号	长巷四条55号
金柱大门	窄大门	如意门	窄大门

续表

长巷四条61号	长巷四条65号	长巷四条67号	长巷五条4号
窄大门	窄大门	随墙门	窄大门
长巷五条7号	长巷五条W1号	翠花胡同23号	翠花胡同27号
金柱大门	蛮子门	金柱大门	蛮子门
翠花胡同29号	翠花胡同31号	翠花胡同33号	翠花胡同47号
蛮子门	如意门	广亮大门	如意门
东高房胡同21号	缎库胡同5号	缎库胡同17号	缎库胡同28号
如意门	蛮子门	金柱大门	蛮子门

续表

缎库胡同36号	高卧胡同1号	好景胡同16号	好景胡同19号
蛮子门	金柱大门	窄大门	窄大门
好景胡同22号	好景胡同25号	好景胡同W1号	教育夹道3号
窄大门	窄大门	窄大门	金柱大门
教育夹道4号	景山前街W1号	景山前街28号	景山前街15号
随墙门	如意门	如意门	金柱大门
銮庆胡同7号	銮庆胡同9号	銮庆胡同10号	銮庆胡同13号
窄大门	金柱大门	窄大门	窄大门

续表

銮庆胡同19号	銮庆胡同24号	得丰东巷21号	北芦草园49号
窄大门	窄大门	窄大门	随墙门
北芦草园47号	北芦草园49号	北芦草园52号	得丰东巷53号
如意门	如意门	窄大门	窄大门
大江胡同39号	大江胡同63号	大席胡同16号	大席胡同20号
窄大门	如意门	蛮子门	金柱大门
大席胡同24号	得丰东巷51号	得丰东巷59号	得丰东巷61号
窄大门	蛮子门	如意门	如意门

续表

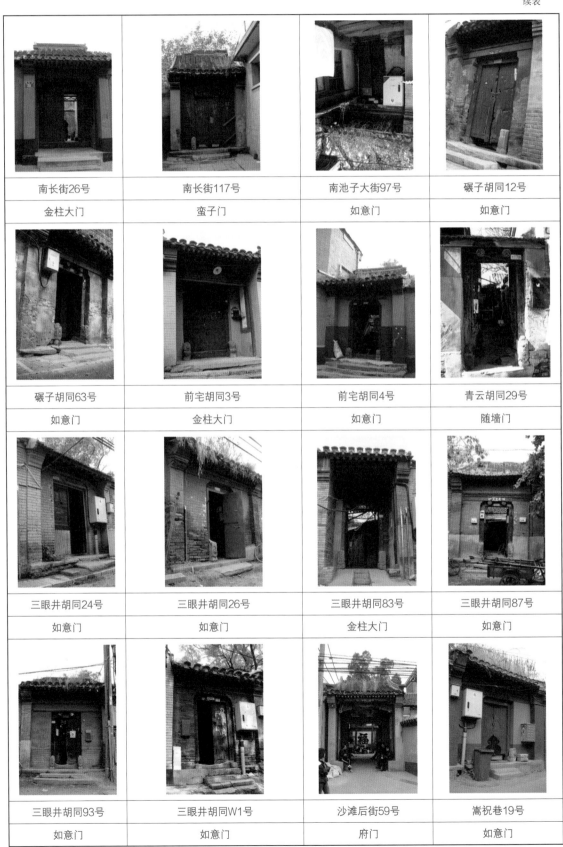

南长街26号	南长街117号	南池子大街97号	碾子胡同12号
金柱大门	蛮子门	如意门	如意门
碾子胡同63号	前宅胡同3号	前宅胡同4号	青云胡同29号
如意门	金柱大门	如意门	随墙门
三眼井胡同24号	三眼井胡同26号	三眼井胡同83号	三眼井胡同87号
如意门	如意门	金柱大门	如意门
三眼井胡同93号	三眼井胡同W1号	沙滩后街59号	嵩祝巷19号
如意门	如意门	府门	如意门

续表

西打磨厂街45号	西打磨厂街60号	西打磨厂街72号	薛家湾14号
金柱大门	蛮子门	蛮子门	窄大门
薛家湾19号	薛家湾26号	薛家湾29号	薛家湾32号
如意门	窄大门	窄大门	窄大门
园景胡同3号	园景胡同9号	陟山门街1号	西打磨厂街215号
如意门	蛮子门	如意门	窄大门
西打磨厂街210号	西打磨街厂90号	西打磨厂街213号	西兴隆街83号
西洋门	金柱大门	西洋门	蛮子门

1. 照片拍摄于2018年–2021年之间

附录6：一般宅门实例（2）[1]

北官房胡同2号	北官房胡同11号	北官房胡同15号	北芦草园胡同48号
西洋门	如意门	如意门	窄大门
北新华街64号	草场九条5号	草场九条14号	草场四条36号
蛮子门	窄大门	如意门	窄大门
醋章胡同21号	醋章胡同23号	醋章胡同25号	醋章胡同32号
如意门	窄大门	—	窄大门
大外郎营胡同3号	大外郎营胡同5号	大栅栏西街77号	东四九条19号
窄大门	窄大门	窄大门	—

续表

法源寺后街1号	法源寺后街3号	法源寺后街9号	法源寺后街11号
窄大门	一	窄大门	小门楼
法源寺后街25号	府学胡同57号	宫门口四条	教子胡同18号
如意门	如意门	窄大门	如意门
烂漫胡同101号	礼士胡同4号	礼士胡同7号	帽儿胡同5号
金柱大门	如意门	金柱大门	广亮大门
帽儿胡同11号	帽儿胡同31号	帽儿胡同41号	门楼巷5号
广亮大门	蛮子门	金柱大门	窄大门

续表

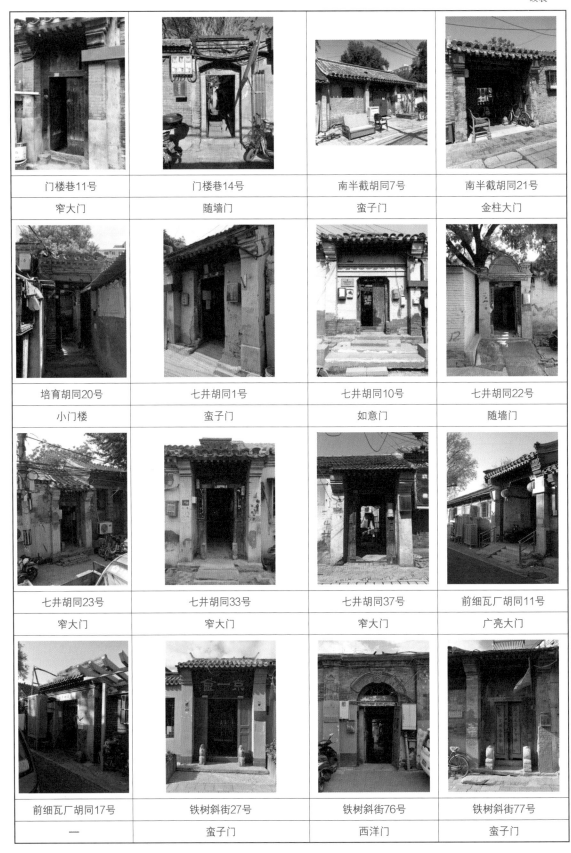

门楼巷11号	门楼巷14号	南半截胡同7号	南半截胡同21号
窄大门	随墙门	蛮子门	金柱大门
培育胡同20号	七井胡同1号	七井胡同10号	七井胡同22号
小门楼	蛮子门	如意门	随墙门
七井胡同23号	七井胡同33号	七井胡同37号	前细瓦厂胡同11号
窄大门	窄大门	窄大门	广亮大门
前细瓦厂胡同17号	铁树斜街27号	铁树斜街76号	铁树斜街77号
—	蛮子门	西洋门	蛮子门

续表

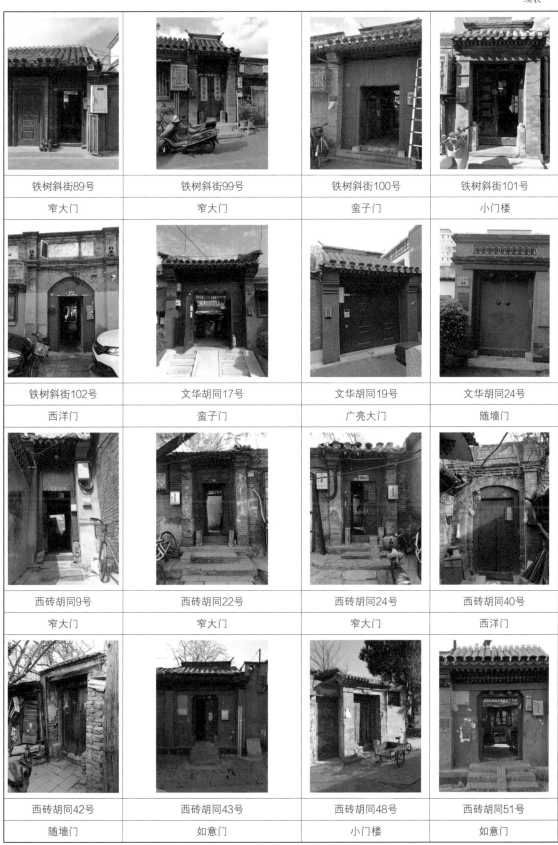

铁树斜街89号	铁树斜街99号	铁树斜街100号	铁树斜街101号
窄大门	窄大门	蛮子门	小门楼
铁树斜街102号	文华胡同17号	文华胡同19号	文华胡同24号
西洋门	蛮子门	广亮大门	随墙门
西砖胡同9号	西砖胡同22号	西砖胡同24号	西砖胡同40号
窄大门	窄大门	窄大门	西洋门
西砖胡同42号	西砖胡同43号	西砖胡同48号	西砖胡同51号
随墙门	如意门	小门楼	如意门

续表

西砖胡同53号	西砖胡同56号	西砖胡同64号	西砖胡同68号
如意门	如意门	窄大门	西洋门
西砖胡同74号	西砖胡同82号	小金丝胡同1号	新文化街135号
如意门	窄大门	小门楼	广亮大门
演乐胡同7号	演乐胡同42号	演乐胡同46号	杨梅竹斜街25号
窄大门	西洋门	西洋门	蛮子门
杨梅竹斜街61号	杨梅竹斜街87号	杨梅竹斜街118号	樱桃斜街27号
蛮子门	西洋门	窄大门	如意门

续表

櫻桃斜街30号	櫻桃斜街51号	櫻桃斜街60号	櫻桃斜街65号
窄大门	—	窄大门	—
櫻桃斜街67号	櫻桃斜街73号	櫻桃斜街W1号	永庆胡同11号
窄大门	窄大门	窄大门	如意门
雨儿胡同12号	雨儿胡同14号	雨儿胡同16号	雨儿胡同27号
蛮子门	如意门	小门楼	如意门

主要参考文献

主要书籍

［1］熊梦祥. 析津志辑佚［M］. 北京：北京古籍出版社，1983.

［2］孛兰盼. 元一统志［M］. 北京：中华书局，1966.

［3］刘侗，于奕正. 帝京景物略［M］. 上海：上海古籍出版社，2001.

［4］张爵. 京师五城坊巷胡同集［M］. 北京：北京古籍出版社，1982.

［5］沈榜. 宛署杂记［M］. 北京：北京古籍出版社，1983.

［6］蒋一葵. 长安客话［M］. 北京：北京古籍出版社，1982.

［7］史玄，夏仁虎，阙名. 旧京遗事·旧京琐记·燕京杂记［M］. 北京：北京古籍出版社，1986.

［8］朱一新. 京师坊巷志稿［M］. 北京：北京古籍出版社，1983.

［9］吴长元. 宸垣识略［M］. 北京：北京古籍出版社，1981.

［10］余敏中等. 日下旧闻考［M］. 北京：北京古籍出版社，1981.

［11］震钧. 天咫偶闻［M］. 北京：北京古籍出版社，1982.

［12］李斗. 扬州画舫录［M］. 北京：中华书局，1997.

［13］陈恒庆. 谏书稀庵笔记［M］. 呼和浩特：远方出版社，2004.

［14］李虹若. 朝市丛载［M］. 北京：北京古籍出版社，1995.

［15］余荣昌. 故都变迁记略［M］. 北京：北京燕山出版社，2002.

［16］张次溪. 燕京访古录［M］. 北京：中华书局，1934.

［17］许大龄. 清代捐纳制度［M］. 北京：北京大学出版社，1950.

［18］李伯元. 官场现形记［M］. 山东：文艺出版社，2016.

［19］徐珂. 清稗类钞［M］. 北京：中华书局，1986.

［20］西德尼·甘博. 北京的社会调查［M］. 北京：中国书店出版，2010.

［21］梁思成. 清式营造则例［M］. 北京：中国建筑工业出版社，1981.

［22］侯仁之主编. 北京历史地图集［M］. 北京：北京出版社，1997.

［23］侯仁之，岳升阳. 北京宣南历史地图集［M］. 北京：学苑出版社，2008.

［24］吴良镛. 人居环境科学导论［M］. 北京：中国建筑工业出版社，2001.

［25］吴良镛. 北京旧城与菊儿胡同［M］. 北京：中国建筑工业出版社，1994.

［26］刘致平著，王其明增补. 中国居住建筑史——城市、住宅、园林［M］. 北京：中国建筑工业出版社，1996.

［27］王其明. 北京四合院［M］. 北京：中国书店，1999.

［28］邓云乡. 北京四合院［M］. 北京：人民日报出版社，1990.

［29］王世仁主编. 宣南鸿雪图志［M］. 北京：中国建筑工业出版社，1997.

［30］陈平，王世仁. 东华图志［M］. 天津：天津古籍出版社，2005.

［31］金寄水，周沙尘. 王府生活实录［M］. 北京：中国青年出版社，1988.

［32］孙大章．中国民居研究［M］．北京：中国建筑工业出版社，2004．

［33］刘大可．中国古建筑瓦石营法［M］．北京：中国建筑工业出版社，1993．

［34］马炳坚．北京四合院建筑［M］．北京：学苑出版社，1999．

［35］业祖润．北京民居［M］．北京：中国建筑工业出版社，2009．

［36］陆翔，王其明．北京四合院［M］．北京：中国建筑工业出版社，1996．

［37］陆翔．北京四合院人居环境［M］．北京：中国建筑工业出版社，2013．

［38］贾珺．北京四合院［M］．北京：清华大学出版社，2009-05．

［39］王其亨．风水理论研究［M］．天津：天津大学出版社，1998-01．

［40］刘宝全．北京胡同［M］．北京：中国旅游出版社，2008．

［41］王彬．实用北京街巷指南［M］．北京：北京燕山出版社，1987-06．

［42］王彬．北京街巷图志［M］．北京：作家出版社，2004．

［43］北京市规划委员会．北京旧城25片历史文化保护区保护规划［M］．北京：北京燕山出版社，2002．

［44］北京市规划委员会．北京历史文化名城保护规划［M］．北京：中国建筑工业出版社，2002．

［45］尼跃红．北京胡同四合院类型学研究［M］．北京：中国建筑工业出版社，2009．

［46］万勇．旧城的和谐更新［M］．北京：中国建筑工业出版社，2010．

［47］阳建强，吴明伟．现代城市更新［M］．北京：东南大学出版社，1999．

［48］李秋香，罗德胤，贾珺．北方民居［M］．北京：清华大学出版社，2010．

［49］北京市档案馆编．北京会馆档案史料［M］．北京：北京出版社，1997．

［50］熊飞，等．谢叠山全集校注［M］．上海：华东师范大学出版社，1994．

［51］李定信，程建军，刘诗芸．中国风水发展简史［M］．上海：上海古籍出版社．

［52］马芷庠著，张恨水审定．老北京旅行指南［M］．北京：北京燕山出版社，1997．

［53］汤用彬．旧都文物略［M］．北京：北京古籍出版社，2000．

［54］胡玉远．日下回眸［M］．北京：学苑出版社，2001．

［55］王樵裕．北京百科全书·宣武卷［M］．北京：奥林匹克出版社，2002．

［56］林福临．北京宣武区志［M］．北京：北京出版社，2004．

［57］北京市地方志编纂委员会．北京志·市政卷·房地产志［M］．北京：北京出版社，2000．

［58］北京市地方志编纂委员会．北京志·市政卷·道桥志［M］．北京：北京出版社，2000．

［59］冯乃恩．故宫博物院年鉴［M］．北京：北京古籍出版社，2011．

［60］段柄仁．北京胡同志（上、下）［M］．北京：北京出版社，2007．

［61］段柄仁．北京四合院志（上、下）［M］．北京：北京出版社，2016．

［62］王军．城记［M］．北京：生活·读书·新知三联书店，2004．

［63］彭纪俊，刘大可．中国古建筑修建施工工艺［M］．北京：中国建筑工业出版社，2007．

［64］李燮平. 明代北京都城营建丛考［M］. 北京：紫禁城出版社，2006.

［65］苗冠峰. 清小式建筑［M］. 北京：北京工业大学出版社，1995.

［66］赵其昌. 明实录北京史料［M］. 北京：北京古籍出版社，1995.

［67］程建军. 藏风得水——风水与建筑［M］. 北京：中国电影出版社，2004.

［68］李金龙，孙兴亚，主编. 北京会馆资料集成［M］. 北京：学苑出版社，2007.

［69］北京市档案馆. 北京会馆档案史料［M］. 北京：北京出版社，1997.

［70］于今. 城市更新：城市发展的新里程［M］. 北京：国家行政学院出版社. 2011.

［71］车飞. 北京的社会空间性转型：一个城市空间学基本概念［M］. 北京：中国建筑工业出版社，2013.

［72］北京城市规划协会. 岁月回响：首都城市规划事业60年纪事（上下册）［M］. 北京：北京城市规划学会，2009.

学术论文

［01］工其明. 北京胡同中的大门［J］. 建筑创作，2002（11）：60-65.

［02］张勃. 北京谢公祠现状调研及其保护问题之我见. 北京学研究文集［C］. 北京：同心出版社，2007.

［03］崔金泽. 悼念京城谢枋得祠［J］. 瞭望新闻周刊，2008（9）：108-110.

［04］吕小鲜. 道光年间西陵管库郎中庆玉侵盗僭越案（上）［J］. 历史档案，1994（04）：8-22.

［05］吕小鲜. 道光年间西陵管库郎中庆玉侵盗僭越案（下）［J］. 历史档案，1995（01）：17-25.

［06］王鲁民，蒋志丹. 古代北京合院住宅的采用与建筑史研究的立场［J］. 建筑师，2009（04）：16，83-88.

［07］王鲁民，宋鸣笛. 合院住宅在北京的使用与流布——从乾隆《京城全图》说起［J］. 南方建筑，2012（04）：82-86.

［08］耿彦钦，季竹林. 马家兴隆木厂——"哲匠世家"的不朽传奇［J］. 乡音，2019（06）：46-48.

［09］王毓蔺. 明北京营建烧造丛考之一——烧办过程的考察［J］. 首都师范大学学报，2013（01）：38-47.

［10］王超群. 明代安南籍宦官阮安与北京城之营建［J］. 长江文明，2017（3）：44-52.

［11］李菁.《乾隆京城全图》中合院建筑模式研究［J］. 中国建筑史论会刊，2010（1）：325-354.

［12］王鲁民，乔迅翔. 明代官宅形制的选择与合院式住宅的流布［J］. 中国建筑史论会刊，2012（01）：498-511.

［13］乔迅翔. 明代官宅平面形制体系的构造方法探索［J］. 中国建筑史论会刊，2012（02）：396-468.

［14］乔迅翔，王鲁民. 明清官式建筑中的"廊房"与"厢房"及其使用状况考述［J］. 中国

建筑史论会刊，2013（1）：73-97.

［15］杨乃济.《乾隆京城全图》考略［J］. 故宫博物院院刊，1984（03）：8-24.

［16］李菁，王贵祥. 清代北京城内的胡同与合院式住宅——对《加摹乾隆京城全图》中"六排三"与"八排十"的研究［J］. 世界建筑导报，2006（07）：6-11.

［17］韦庆远. 清代的抄家档案和抄家案件［J］. 学术研究，1982（5）. 96-101.

［18］马镛. 清代封赠制度探析［J］. 历史档案，2015（2）：78-86.

［19］云妍，陈志武，林展. 清代官绅家庭资产结构一般特征初探——以抄产档案为中心的研究. 金融研究，2018（2）：61-81.

［20］李宝臣. 清代宗室王公府制与"乾隆京城全图"记录的王公府第. 北京古都风貌与时代气息研讨会论文集［C］. 北京：北京燕山出版社，2000：244-270.

［21］马炳坚. 小式民居建筑的基本构造形式和榫卯结合技术［J］. 房产住宅科技动态，1982（09）：16-18+22.

［22］庄雪芳，刘虹. 中国古代建筑等级制度初探［J］. 大众科技，2005（07）：4-5.

［23］王世仁. 宣南龙脉述略［J］. 北京规划建设，2008（05）：107-111.

［24］张家明，郝桂红，朱江红. 北京旧城区改造保护的模式探索［J］. 城市开发 2004（12）：30-32.

［25］魏科. 1994-2004：北京两次大规模危改［J］. 北京规划建设，2005（06）：73-78.

［26］蔡金水. 我经历的北京市危房改造［J］. 当代北京研究，2010（01）：37-43.

［27］董光器. 对北京旧城保护和改造的回顾与展望［J］. 城市规划，1993（05）：14-17.

［28］谭烈飞. 解放后北京城市住宅的规划与建设［J］. 当代中国史研究，2002（06）：101-108+128.

［29］朱小地. 前门东区保护与复兴项目［J］. 中国艺术，2020（02）：38-55.

［30］李菲菲. 区域视角下的商业街发展策略研究——以北京五道营胡同为例［J］. 建设科技，2020（9）：86-89.

［31］冯东升. 谈谈北京老城区历史建筑的恢复性修建［J］. 古建园林技术，2019（02）：84-87.

［32］王世仁. 香厂新市区的记忆与复兴——对一种文化遗产的价值判断和风貌复兴的探讨［J］. 北京规划建设，2014（02）：131-149.

［33］韩晓婷，张斐，曹可心，王宏强. 新常态下北京市平房区物业管理模式探索［J］. 现代物业（中旬刊），2017（05）：53-55.

［34］左玉河. 整顿、修缮与管理建国初期北京城区房屋问题［J］. 江苏师范大学学报，2014（01）：76-81.

［35］王振. 民国时期北平的"房荒"及住房保障［J］. 北京档案，2014（06）：46-48.

［36］李红艳，李琪，高晓基，史晓成. 传统民居的保护与利用——以西安化觉巷125号院落保护

工程为例．第四届中国建筑史国际研讨会论文集［C］．南京：东南大学出版社，2007：465.

［37］郝霞．北京旧城历史文化保护区的存在与发展．［D/OL］．北京：北京建筑工程，2005．［2021-05-26］．http://www.doc88.com/p-9969964159596.html.

［38］赵书科．清代步军统领衙门与京师城市管理研究．［D/OL］．长沙：湖南师范大学，2015．［2021-05-26］．https://kns.cnki.net/kcms/detail/detail.aspx?dbcode=CMFD&dbname=CMFD201901&filename=1018154401.nh&v=WULrZD37N8e7WWxTUHO6fF2T2dHaKgTCqS5wqB0h2M2QcXa8ncaa%25mmd2BzZmpRht0JHB.

［39］李艾桦．北京杨梅竹斜街城市更新案例研究［D/OL］．北京：北京建筑大学，2015．［2021-05-26］．https://kns.cnki.net/kcms/detail/detail.aspx?dbcode=CMFD&dbname=CMFD201502&filename=1015351011.nh&v=UmQdJ08wA%25mmd2FXsxGku86GkR%25mmd2FWD5YXCyf%25mmd2Bv2DaLptN2PyXjj35RSuqYjfHnKGay3aTf.

［40］鱼跃．北京城市近代化过程中的香厂新市区研究［D/OL］．北京：首都师范大学 2009．［2021-05-26］．https://kns.cnki.net/kcms/detail/detail.aspx?dbcode=CMFD&dbname=CMFD2009&filename=2009129647.nh&v=FAEIt0JO1SEZ0Gh7ccZr6gTImAM%25mmd2BXKZ%25mmd2Fg%25mmd2FTxML4NAbJ8zWqcU9%25mmd2BZyctNpX6Q9Kxe.

［41］周进．北京人口与城市变迁（1853—1953）［D/OL］．北京：中国社科院研究生院，20119．［2021-05-26］．https://kns.cnki.net/kcms/detail/detail.aspx?dbcode=CDFD&dbname=CDFD0911&filename=1011283079.nh&v=l3irODYW6BqdkQfMzV26xOYzC0RoqTvFMLCjx8h5Vu5pAW77sSNf%25mmd2Fs6heqV8qgjw.

［42］蔡晓亚．洛阳大型传统合院式民居建筑特色及应用研究［D/OL］．沈阳：沈阳建筑大学，2017［2021-05-26］．https://kns.cnki.net/kcms/detail/detail.aspx?dbcode=CMFD&dbname=CMFD201901&filename=1018111774.nh&v=lc0OPmkC0%25mmd2B%25mmd2F6EgNClRQBCfLZ7%25mmd2B%25mmd2FIilpzQVcVCGBjID%25mmd2F7EKYCSyzGWU9SZFKyOW7A.

［43］王颂．开封、尉氏刘家宅院研究［D/OL］．郑州：河南大学，2006［2021-05-26］．https://kns.cnki.net/kcms/detail/detail.aspx?dbcode=CMFD&dbname=CMFD0506&filename=2006107688.nh&v=ikgykQQqm68lO7yUCZogeaThHQkPgh4ibiEJF3QdspHjPEdIfEiMaTG5MpTHgqmm

新闻报道

［01］贾晓宏．北京政协呼吁停止大拆四合院 改造要按专家意见．北京晚报，2021-07-09［2006-5-12］．http://news.sohu.com/20050805/n226577535.shtml.

［02］高明．八委员联合提案：北京前门古建筑亟待保护．新京报，2006-03-09［2006-5-12］．http://news.sina.com.cn/o/2006-03-09/07258396731s.shtml.

［03］王军．"休克式保护"能否有效？前门搬迁保护还是开发［N/OL］．瞭望周刊，［2006-5-

12］. http://www.chinanews.com/news/2006/2006–05–12/8/728872.shtml

［04］何戍中．"挽留"老北京 专家建议前门避免贵族化［N/OL］. 新京报，2012–8–29［2021–05–26］. http://www.cila.cn/news/142564.html

［05］梁英杰．民国初期美术社团宣南画社的传奇［Z/OL］，2016–07–1［2021–05–26]. http://www.rmzxb.com.cn/c/2016–07–14/916599.shtml.

［06］杜鑫，刘洋，曹玥．北京南锣鼓巷小门脸扎堆不再唤回老街坊乡愁. 工人日报，2017–08–21［2021–05–26］.http：//culture.people.com.cn/n1/2017/0821/c172318–29482444.html.

［07］张宏杰．清代京官的住房问题. 北京日报，2015–04–27［2021–05–26］. http://www.cssn.cn/zm/zm_rwkxzm/201504/t20150427_1603032.shtml.

［08］祁建．西砖胡同的散文. 北京日报，2010–05–24［2021–05–26］. http://www.bjdclib.com/dclib/subjectdb/dhly/newsphoto/201006/t20100602_33375.html.

其他参考资料

［01］《北京市政府关于雨儿胡同修缮改造等工作的会议纪要》2019年3月7日印发。

［02］关于《北京城市建设总体规划方案》的批复（1983年）1983年7月14日。

［03］关于报送政协北京市第九届委员会常务委员会《关于北京城区危旧房改造问题的建议案》的函　京协厅函［2000］119号。

［04］《关于北京市国民经济和社会发展十年规划和第八个五年计划纲要的报告》北京市人民政府九届人大四次会议1991年。

［05］《关于实施北京25片城市历史文化保护区规划的建议》政协北京市第九届委员会第四次会议　党派团体提案第0031号。

［06］《北京旧城历史文化保护区房屋保护和修缮工作的若干规定（试行）》2003年12月1日起实施。

［07］《关于东城区历史文化风貌保护和危旧房改造建设情况的调研报告》2007–12–09。

［08］《东城区人民政府关于实施历史文化街区——南锣鼓巷地区保护复兴计划情况的报告》东城区区十六届人大常委会公报（第5号）2017–12–25。

［09］《北京城市总体规划（2016年–2035年）》北京市规划和国土资源管理委员会 2017–09–29。

［10］《首都功能核心区控制性详细规划（街区层面）（2018年—2035年）》北京市规划和自然资源委员会2020–08–30。

［11］《北京市人民政府会议纪要》北京市人民政府办公厅印发2019–3–5。

［12］《2018年国民经济和社会发展统计公报》北京市西城区政府2019–02–25。

［13］《关于做好核心区历史文化街区平房直管公房申请式退租、恢复性修建和经营管理有关工作的通知》京建发［2019］18号。

［14］石勇《五道营胡同街区风貌品质提升》。

后　记

2003年中秋，在父母依依不舍的目光中，我踏上了南下的火车，开始了建筑学的求学历程。当年滚滚的车轮和车窗外的一轮明月，至今深深地印在我的记忆中。2007年初春，只身北上参加北京建筑大学硕士研究生的复试，明媚春光里的北京城深深地吸引着一个对建筑学特别是建筑史痴迷的学子。

2007年入学后，导师陆翔教授为我指点迷津，使我开拓了研究思路。在他的热忱鼓励、精心点拨下，我顺利完成了研究生论文的写作，提前半年毕业。陆翔老师一丝不苟的工作作风，严谨求实的教学态度，踏踏实实的治学精神，给我极大的触动，使我至今受益。本书中有部分成果是王其明老师、陆翔老师多年积累的研究成果。在学习的间隙，徜徉于北京逶迤的胡同中，眼前层积深厚触手可及的历史，深深地激发了我对传统四合院建筑的兴趣，也使我埋下了从事老城保护更新工作的种子。

2010年3月，初入职场，恰逢我的师傅北京院6A5工作室潘伟主任主持的中新天津生态城希尔顿酒店项目的设计工作刚刚启动，该项目采用中国传统建筑形式。在师傅的大力支持下，我独立完成了酒店的外立面设计。师傅对我的信任和培养使我快速融入职场，不断成长。

2018年3月，我调整工作方向，聚焦于北京老城保护和城市更新的方面。在工作中，工作单位领导对北京老城深深的情怀和高度的专业精神，鼓舞和感染着我。同事们在工作中上下一心、各司其职、相互补位、精诚合作的专业态度一直鼓舞着我，他们对专业技术的支持和敬畏也使我深受感动。公司融洽的工作氛围，使我有时间和精力，把老城保护更新方面的实践经验加以总结和梳理，结合个人的一些思考，集结成书。

本书在写作过程中得到多位专家、领导的指导，参考了一些书籍和文献，在此向各位专家、领导和有关作者表示衷心的感谢。

中国建筑工业出版社的郑琳编辑，在本书的出版过程中，积极协调出版的各项事宜，不辞劳苦地一遍遍审稿并提出修改意见和建议为本书的顺利出版给与了莫大的帮助。

最后，向我的父母、岳父母、兄嫂、弟媳、爱人和孩子们致谢，他们是我强大的精神支柱，尤其是我的爱人，为我提供了生活上稳固的支持，还在调研中协助我完成了许多有价值的照片拍摄，感谢他们对我的理解与支持。

由于作者理论水平和实践经验有限，疏漏与不足在所难免，恳请各位专家、学者及广大读者批评指正。

赵长海

2021年春于北京

致　谢

北京市规划和自然资源委员会

北京市住房和城乡建设委员会

北京市西城区人民政府

北京市西城区发展和改革委员会

北京市规划和自然资源委员会西城分局

北京市西城区房屋管理局

北京市西城区文化和旅游局

北京市西城区国有资源管理监督委员会

北京市西城区住房和城市建设委员会

北京市西城区商务局

北京市西城区审计局

北京市西城区财政局

北京市西城区司法局

北京市西城区食品药品监管局

北京市西城公安分局

北京市西城区消防支队

北京市西城区人民政府牛街街道办事处

北京市西城区大栅栏琉璃厂建设指挥部

北京市西城区牛街街道枫桦社区居民委员会

中国民主同盟北京市西城区委员会

北京市规划设计研究院

北京市建筑设计研究有有限公司

北京建筑大学文化发展研究院

北京市古代建筑设计研究所有限公司

北京建工建筑设计研究院

北京房地中天建筑设计研究院有限责任公司

都市意匠城镇规划设计（北京）中心

焕新空间建筑设计事务所

北京八作建筑设计事务所

北京大龙建设集团有限公司

北京世纪城中兴建设工程有限公司

北京永兴丰源建筑工程有限公司

北京弘朝建设工程有限责任公司

北京华越同盈建设集团有限公司

北京金融街投资（集团）有限公司

北京华融基础设施投资有限责任公司

北京金恒丰城市更新资产运营管理有限公司